国家示范性高等职业院校艺术设计专业精品教材
高职高专艺术设计类"十三五"规划教材

3ds Max

游戏场景制作

主　编◎刘俊生　陈煜

副主编◎郑丽伟　胡勇

华中科技大学出版社
http://www.hustp.com
中国·武汉

内容简介

　　《3ds Max 游戏场景制作》是由苏州蜗牛游戏公司的技术骨干与苏州工艺美术职业技术学院游戏教研室专业教师联手合作推出的系列应用型教材之一。全书结合游戏场景制作的具体案例,配合文字和视频向读者呈现了一套完整而全面的游戏场景制作流程与操作方法,为读者进入游戏行业铺平了道路。本书是此系列教材的第一本,主要介绍了模型制作、UV 拆分、贴图制作、法线贴图、AO 贴图、透明贴图等的制作方法。

　　游戏场景制作是游戏公司中一个重要的职业工种,掌握游戏场景制作是进入游戏行业的一条捷径,也是从业人员必须学习的重要课程。本书通过游戏场景制作的范例,通过详细、完整的视频操作,让读者便捷、直观地学习游戏场景制作的核心内容。本书的作者为游戏公司的技术骨干和院校教学骨干,都有 5 年以上的制作经验和教学经验。

　　本书主要针对游戏爱好者、艺术院校学生、在职设计师、网络游戏美术设计师、培训机构三维计算机美术专业的人员等而编写。

图书在版编目(CIP)数据

3ds Max 游戏场景制作 / 刘俊生,陈煜主编. — 武汉 : 华中科技大学出版社,2015(2019.8重印)
ISBN 978-7-5680-0676-7

Ⅰ.①3…　Ⅱ.①刘…　②陈…　Ⅲ.①三维动画软件—高等职业教育—教材　Ⅳ.①TP391.41

中国版本图书馆 CIP 数据核字(2015)第 044266 号

3ds Max 游戏场景制作　　　　　　　　　　　　　　　　　　　刘俊生　陈煜　主编

策划编辑:曾　光　彭中军
责任编辑:彭中军
封面设计:龙文装帧
责任校对:刘　竣
责任监印:张正林
出版发行:华中科技大学出版社 (中国·武汉)
　　　　　武昌喻家山　　邮编:430074　　电话:(027)81321915
录　　排:龙文装帧
印　　刷:湖北新华印务有限公司
开　　本:880 mm×1230 mm　1/16
印　　张:9
字　　数:282 千字
版　　次:2019 年 8 月第 1 版第 3 次印刷
定　　价:59.00 元 (含 1DVD)

前言 QIANYAN

游戏场景表面来看是通过软件制作的。其实不然，在游戏场景的制作过程中包含美术应用、个人审美、绘画知识等的综合运用和展现。可见，游戏场景的制作属于美术范畴。游戏美术是当代技术的产物，是随着科技发展应运而生的虚拟电子艺术。这种电子属性赋予了游戏美术以特殊的表现形式。美术手段伴随着电子工具的发展与更新成为游戏美术的特征，也丰富了游戏美术的表现形式。游戏美术的表现需要技术的配合，没有技术的美术是不存在的。只有掌握了实现美术目的的技术才能够为这种艺术形式奠定基础。

没有哪一种艺术门类是独立存在的。游戏美术同样与其他艺术形式息息相关，与任何其他艺术形式一样，游戏美术有游戏的感觉形式。游戏美术以其特有的艺术形式塑造了"另一个世界"，使得玩家融入"幻想王国"中，追求在现实生活中无法体验的感受，激励玩家的幻想，使之体会"另一个世界"的生存精神。游戏场景在游戏中的作用更多地反映"游戏世界观"与氛围的烘托，同时反映时代背景、衬托人物形象。游戏场景的制作是一种创作，是需要用感情来进行的。游戏场景的制作不仅是技术展现的过程，而且塑造着世界的精神。

就目前我国游戏行业的发展整体来看，发展势头强劲，不断涌现优秀的游戏作品，且制作较为精美。但是，我国的游戏成长之路在20世纪90年代才开始，发展至今，从启蒙到制作经历了起落，也经历了很多曲折，难免有"东施效颦"和"闭门造车"的情况。同时，伴有国人对游戏持负面认识的大环境，游戏公司盲目追求利益最大化使得游戏制作人员很难精心钻研，国内游戏美术人才的成长举步维艰。由于游戏行业在我国起步较晚，游戏公司的游戏美术人员大多数是高校美术专业毕业的学生，对游戏美术基本靠自学。游戏美术专业在近几年才在高校设置，且师资严重短缺，在短时期内很难系统化和专业化。国内的游戏美术早期受欧美和日本影响很大，直到现在国内游戏依然没有摆脱欧美和日本风格的"烙印"。人才的断层也是国内游戏创作表现的软肋。对游戏制作认识上的肤浅，造成了很多人认为游戏制作就是学软件操作，认为掌握了软件就掌握了技术。技术固然重要，但想成为真正的游戏制作者必须提升综合素养。

本书是苏州工艺美术职业技术学院专业教师和苏州蜗牛游戏公司的专业人士合作编写的，单从技术层面上来讲，希望使初学者能够掌握具体的命令和操作方法，但本书主要的目的是介绍制作的思路和创意。愿本书能够给读者带来一些启发。

编　者
2015 年 2 月

目录 MULU

游戏场景实例如图 0-0-1 至图 0-0-6 所示。

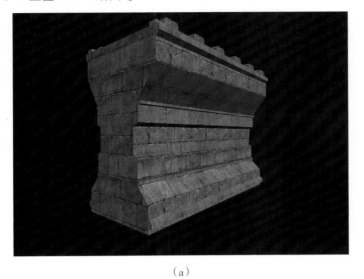

（a）

（b）

（c）

图 0-0-1　游戏场景实例一

（a）

（b）

（c）

图 0-0-2　游戏场景实例二

图 0-0-3　游戏场景实例三

图 0-0-4　游戏场景实例四

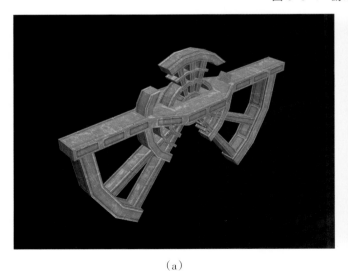

（a）

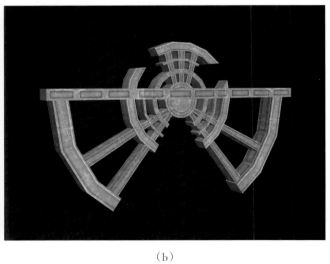

（b）

图 0-0-5　游戏场景实例五

（a）

（b）

（b）

图 0-0-6　游戏场景实例六

第一章
游戏场景基础

3dsMax
YOUXI
CHANGJING
ZHIZUO

游戏场景根据不同游戏类型分为不同的场景类型。不论是页游或端游、3D 或 2D、卡通或 Q 版场景，其背景都有区别。游戏场景是实时的动态展示，而背景是静态的，主要是起衬托作用。游戏场景的制作是以"世界观"为背景的。游戏场景的实现主要以功能作用为主要表现方式。3D 游戏中的场景主要是以全自由视角和固定视角来实现游戏与玩家的互动的。2D 游戏场景以横向或纵向的移动为主要表现形式，其场景不仅起到背景作用，而且具有功能作用。本书主要介绍的是 3D 的场景制作技术。

第一节

游戏场景的任务 《《《

一、交代时空关系 　　　　　　　　　　　　　　　ONE

游戏场景的制作主要营造时代背景和角色活动的空间，是游戏情节发生、发展过程中的平台和空间环境，场景的塑造主要体现游戏"世界观"所表现的时代特征、历史风貌、民族特点、关卡氛围、情节发生的时间和地点等（见图 1-1-1）。

图 1-1-1 《龙门客栈》场景一

通过游戏场景风格的表现，营造出社会环境和虚幻世界的特点。关卡的设定要使用不同的场景，通过玩家的主动构造能够激发玩家兴趣的抽象思维空间，比如在《龙门客栈》中展示了场景与角色的外在形象和关系，展现了故事发生的社会空间，强烈地吸引玩家进入游戏世界（见图 1-1-2）。

二、营造氛围 　　　　　　　　　　　　　　　　TWO

游戏的整体制作根据游戏策划的要求，在不同的关卡营造出某种特定的氛围以激起玩家的情绪波动，比如游戏《龙门客栈》中，通过阴暗、烟雾蒙蒙、废墟等恰如其分地营造出阴森恐怖的气氛（见图 1-1-3）。

图 1-1-2 《龙门客栈》场景二

图 1-1-3 《龙门客栈》场景三

三、衬托角色　　　　　　　　　　　　　　　　　　　　　THREE

　　游戏场景的风貌及色彩基调要更好地衬托角色。游戏和动画片的叙事区别在于，动画根据故事情节的需要，要有特写镜头；而游戏为了保证玩家的视野和打斗的操控性，场景不仅要衬托出角色的精神面貌，而且要通过角色在场景中的活动来反映角色的心理活动。角色与场景的关系是不可分割、相互依存的（见图 1-1-4），通过场景空间环境，为衬托角色的身份、生活习惯、职业特征等提供客观条件。

图 1-1-4 《龙门客栈》场景四

第二节

游戏场景具体的条件 《《《

一、美术基础   ONE

美术在游戏场景中的应用主要表现在绘制贴图、建筑、色彩等方面。扎实的美术基础可以提升场景的深入刻画水平和真实表现的品质，传达给玩家强烈的视觉震撼和真实感。良好的美术基础是一种认识世界的方式、一种修养（见图 1-2-1）。在场景的制作中能很快制作出高品质的游戏物品。艺术感强的美术人员能更有效地结合技术手段实现目标。

图 1-2-1   美术作品

二、软件基础   TWO

软件是制作游戏场景、角色、UI 界面、动作特效等的工具。游戏从业人员应该掌握 3ds Max、Photoshop 等主要软件。软件掌握的熟练程度也决定了制作效率和最终的效果。软件的操作是多项工具命令的结合，了解其操作的逻辑关系需要多加练习。在场景制作中，软件制作的行业规范是需要经过长期练习才能掌握的，有较好的软件基础是进入游戏行业的基础。

三、综合素养   THREE

作为游戏从业者必须热爱游戏，积极、正确地认识游戏。个人知识丰富，具有较强的分析能力和动手能力，具有健康的思想和良好的文化素养，才能胜任。

第二章
基础篇

3dsMax
YOUXI
CHANGJING
ZHIZUO

第一节

城墙建模 ‹‹‹

（1）打开 3ds Max，选择菜单 Customize（用户订制）（见图 2-1-1），再选择 Units setup（设置单位），单击左键，弹出单位设定对话框（见图 2-1-2），单击 System unit setup，将系统单位修改为 meters（米），将 Metric 下拉菜单也改为 meters（见图 2-1-3）。这样 3ds Max 软件才以设定的单位进行计算。单击 OK 确定。

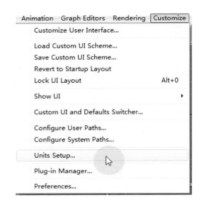

图 2-1-1　选择用户订制

图 2-1-2　单位设定对话框

图 2-1-3　单位设定

（2）在建立面板中选择 Box，然后在顶视图中拖曳出一个盒子（见图 2-1-4），单击 P 键将顶视图转换为透视图（见图 2-1-5），并在修改面板中输入数值确定 Box 的长、宽、高，将长、宽、高分别设为 15.0 m、40.0 m、30.0 m（见图 2-1-6）。

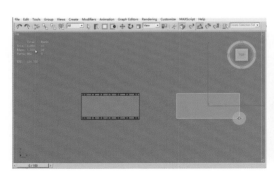

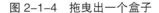
图 2-1-4　拖曳出一个盒子

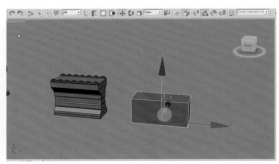
图 2-1-5　将顶视图换位透视图

图 2-1-6　设定长、宽、高

让视图内的盒子处于选择状态，并单击右键选择 Convert to（转换为）中的 Convert to Editable poly（转换为可编辑多边形），将盒子转换为可编辑的多边形（见图 2-1-7）。

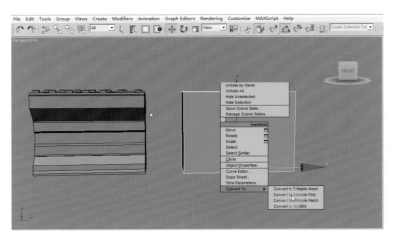

图 2-1-7　将盒子转换为可编辑的多边形

按 F4 键，使物体以 "实体 + 线框" 显示（F3 键是线框显示）。按 2 键，选择 Edge（边）级操作模式（见图 2-1-8），选择纵向的一条线后，单击 Ring（快捷键为 "Alt+R"）按钮，将相邻环绕的线选中，单击右键选择 Connect（连接）（见图 2-1-9）（快捷键为 "Ctrl+shift+E"）连接一条线，并放在合适的位置。再根据需要执行 Connect 连接线，反复几次操作制作出城墙的结构线（见图 2-1-10），为后面的拖曳结构起伏做准备。

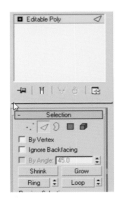
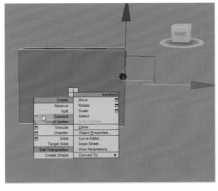
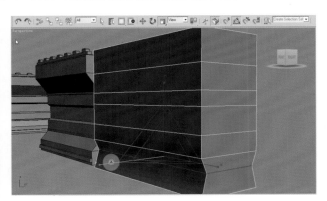

图 2-1-8　选择操作模式　　　图 2-1-9　单击右键选择连接　　　　　　　　图 2-1-10　作出城墙结构线

（3）选择其中一条线，单击 Loop 选择一个圈线，用缩放工具根据造型进行缩放，将线缩放到准确位置，右键单击工具栏的三维捕捉工具，在弹出的对话框中勾选 Vertex（顶点）（见图 2-1-11）。再右键单击角度锁定工具，在弹出的对话框中选择 Options 子面板，勾选 Use Axis Constraints（轴向约束）（见图 2-1-12），在视图中的物体上选择一条线移动鼠标到线端，向下拖曳至下条线的顶点。这时，由于开启了顶点捕捉和轴向约束，上下线会自动对齐到一个平面上。

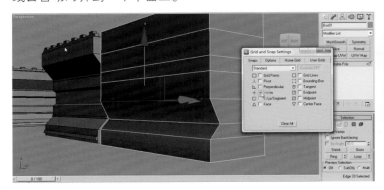
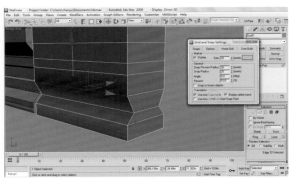

图 2-1-11　勾选 Verter　　　　　　　　　　　图 2-1-12　勾选 Use Axis Coustraints

（4）由于城墙是棱角分明的物体，在 3ds Max 中建立的任何几何物体都默认带有光滑属性。要使物体呈现棱角状态，必须将其光滑属性解除。按 5 键选择元素模式，单击视图中物体，物体呈红色（见图 2-1-13），用鼠标在右边修改面板中向上推，直到出现 Polygon Smooth Groups（多边形光滑组）卷展栏，用鼠标单击 Clean All 按钮，将物体光滑组清除。这时视图中的物体转折清晰（见图 2-1-14）。

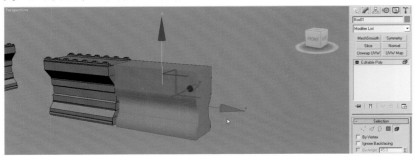

图 2-1-13　物体呈现红色

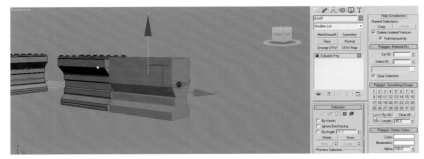

图 2-1-14　物体转折清晰

（5）单击 1、2、4 键，分别选择点、线、面操作模式（见图 2-1-15 至图 2-1-17），利用点、线、面的选择进行造型。

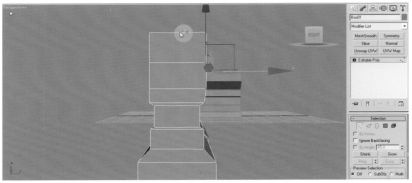

图 2-1-15　选择点操作模式

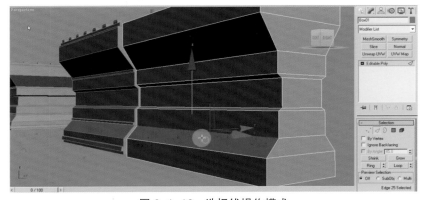

图 2-1-16　选择线操作模式

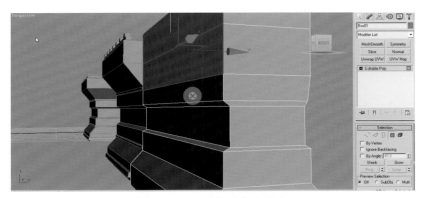

图 2-1-17　选择面操作模式

　　基本造型和样例基本符合后，制作城墙下面的包边。让城墙物体处于线操作模式下，在视图中单击城墙下面的一根线（见图 2-1-18）。

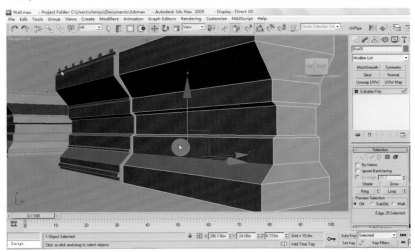

图 2-1-18　单击城墙下面的一根线

　　单击右键选择 Create Shape（建立图形）（见图 2-1-19）。在弹出的对话框中勾选 Linear（线）单击 OK。在视图中选择新建的那条线（见图 2-1-20），在修改面板中单击 Rending 卷展栏，勾选 Enable In Renderer（能够渲染）和 Enable In Viewport（在视图中渲染）（见图 2-1-21）。这时，视图中的线变为可渲染的圆柱（见图 2-1-22）。

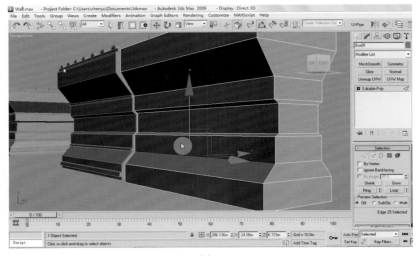

图 2-1-19　选择 Create Shape

图 2-1-20　选择新建的那条线

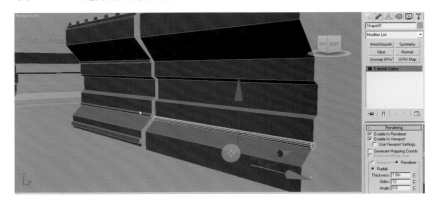

图 2-1-21　勾选 Enable In Renderer 和
　　　　　 Enable In Viewport

图 2-1-22　线变为可渲染的圆柱

在修改面板中将 Sides 改为 4，Angle（角度）改为 45°（见图 2-1-23）。

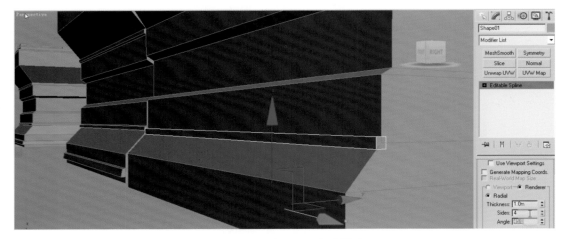

图 2-1-23　在修改面板中操作

　　包边完成后单击右键将其转换为可编辑多边形进行编辑。编辑结束后，选择城墙物体，单击右键选择 Attach
（结合），再单击刚做好的包边形，这样就将城墙和包边结合为一个物体。按 5 键切换到元素操作模式，单击包边
形按 Shift 键向上拖曳至城墙上方，复制出另一个包边形（见图 2-1-24）。这时弹出复制网格的对话框，勾选
Clone To Element（复制为元素物体）（见图 2-1-25）。重复在元素模式下复制其他部分，并放置在合适的位置
上。

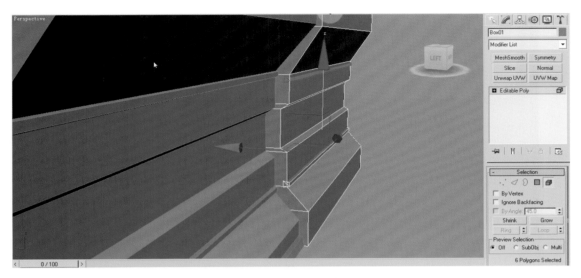

图 2-1-24　复制出另一个包边形

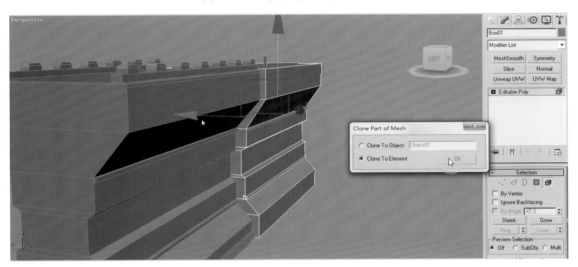

图 2-1-25　勾选 Clone To Element

（6）城墙垛口的制作。在城墙的上方建一个盒子，高度为 2 m，模拟一个游戏角色的高度，方便比较人高和垛口高度的比例关系（见图 2-1-26）。按 T 键将视图切换为顶视图，在建立面板中选择 Box。在视图中拉出一个和城墙长度相匹配的盒子，并转换成可编辑的多边形（见图 2-1-27）。按 F4 键调出新建物体的轮廓线显示并利用点、线、面调整其大小和高低（见图 2-1-28）。

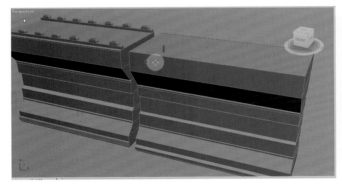

图 2-1-26　建立一个高度为 2 m 的盒子

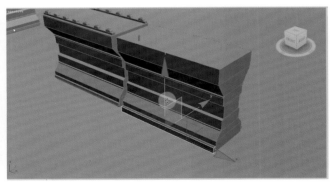

图 2-1-27　拉出一个盒子并转换为可编辑的多边形

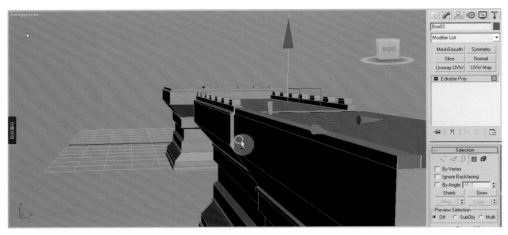

图 2-1-28　调整大小和高低

　　按 5 键使物体处于元素操作模式，按键盘上的 Shift 键，利用缩放工具复制一个新的物体。在弹出的对话框中选择 Clone To Element（以元素方式复制）（见图 2-1-29），并用移动和缩放工具调节大小并放置到合适的位置。

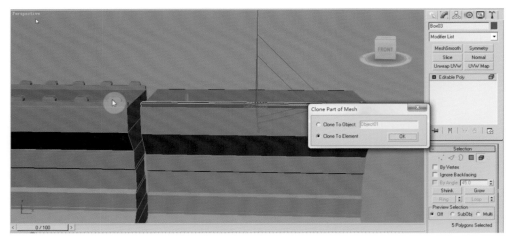

图 2-1-29　选择 Clone To Element

　　按 2 键切换为线操作模式，选择需要操作的线段，单击右键选择 Chamfer（倒角）命令，在弹出的对话框中 Chamfer Amount（倒角程度）中输入 0.3 m（见图 2-1-30）。

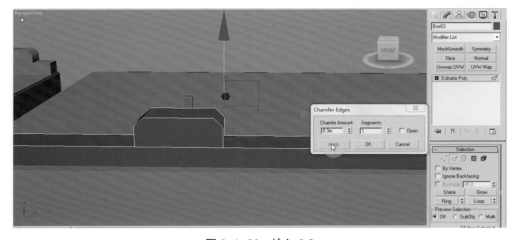

图 2-1-30　输入 0.3

按 1 键后，再按 F3 键切换到点操作模式和线框显示模式（见图 2-1-31），选择下面的点单击右键选择 Connect（连接）将点连接（见图 2-1-32）。连接的目的是让模型没有超过 4 边面的情形出现。

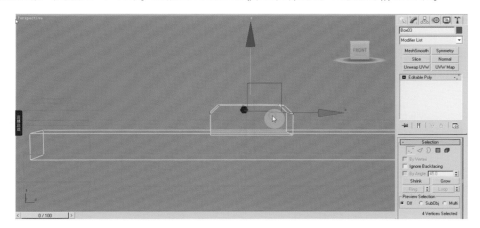

图 2-1-31　切换到点操作模式和线框显示模式

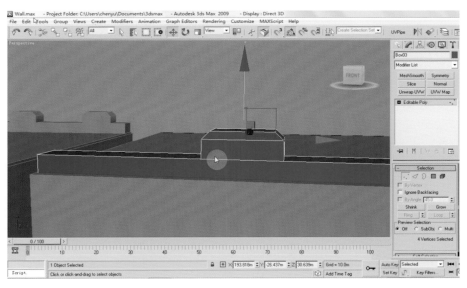

图 2-1-32　选择 Connect 将点连接

注意：如果不连线，如图 2-1-33 所示就产生了多于 4 边面的情况。这在模型中是不允许出现的。按 5 键切换到元素操作模式下，按 Shift 键拖曳复制出其他的城墙垛口，并复制出其他部分。

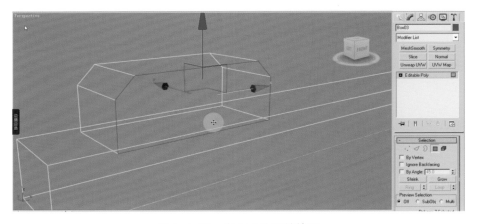

图 2-1-33　多于 4 边面的情况

（7）将做好的整个城墙复制出来，并和原始的城墙呈 90°相接，并选择两个城墙的其中一个，单击右键选择 Attach（结合），单击另一个将两个城墙结合成一个（见图 2-1-34）。

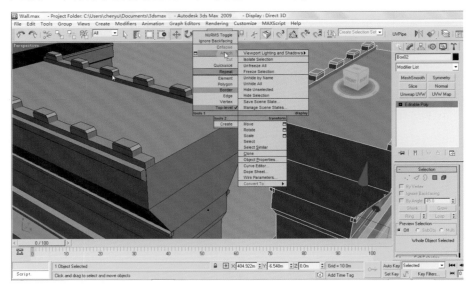

图 2-1-34　将两个城墙结合成一个

按 4 键切换到面操作模式，将侧边的面选中（见图 2-1-35），并删除（见图 2-1-36），将底面也删除（见图 2-1-37）。

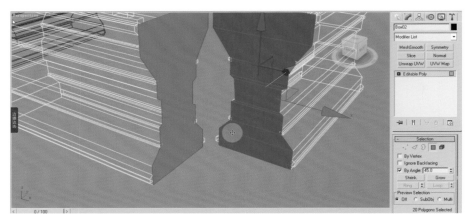

图 2-1-35　将侧边的面选中

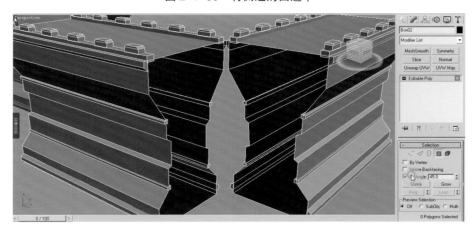

图 2-1-36　删除侧边的面

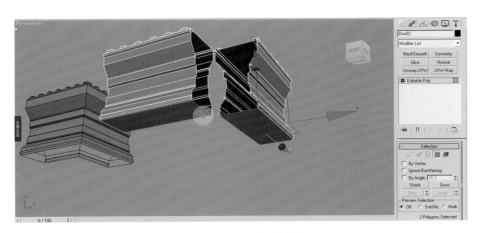

图 2-1-37 删除底面

　　选择其中一个城墙外面的轮廓线，右击角度，锁定弹出对话框，勾选 Use Axis Constrains（使用轴向约束）
（见图 2-1-38）。并将三维捕捉按钮打开，向 x 轴方向拖曳。同样，选择另一个城墙的一侧边线向 y 轴方向拖曳，
按 1 键切换到点操作模式，将点与点进行对接，并框选所有对接的点后单击右键选择 Weld（焊接）（见图
2-1-39），在弹出的对话框中将数值调节为 0.01 m，把点焊接（见图 2-1-40）。同理，将城墙内侧的点也进行对
齐并焊接在一起。这样，城墙模型部分就完成了。

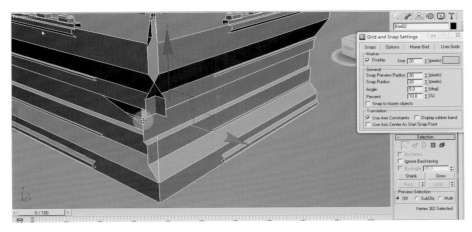

图 2-1-38　勾选 Use Axis Constrains

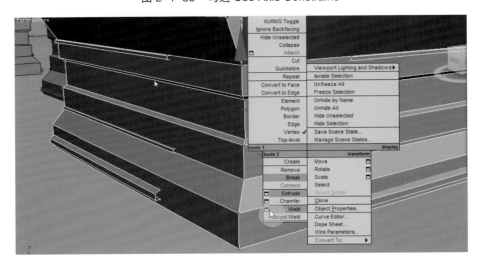

图 2-1-39　选择 Weld

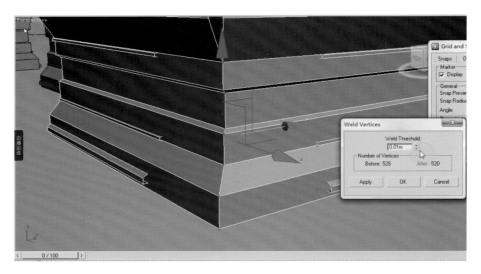

图 2-1-40　把点焊接

第二节

城墙 UV 拆分 《《《

（1）选择城墙模型，在右侧的修改面板中选择 Unwrap UVW（展开 UVW）（见图 2-2-1），修改面板中 Display 卷展栏下的 Show Seam（显示接缝）和 Show Map Seam（显示贴图接缝），取消勾选（见图 2-2-2）。

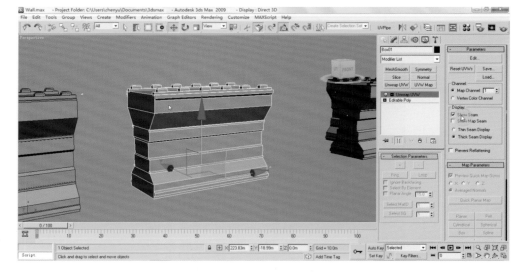

图 2-2-1　选择 Unwrap
　　　　　UVW

图 2-2-2　取消勾选

　　单击修改面板中的 Edit 长按钮，打开 Edit UVWs 操作视图（见图 2-2-3），在视图中选择 CheckerPattern（棋盘格模式）（见图 2-2-4），在透视图中的城墙物体呈现灰色棋盘格的图案，在 UV 编辑视图中框选所有 UV 网格线，点选右侧面板中的 Quick Planar Map（快速展平贴图）。这时，UV 编辑视图中的 UV 进行自动整合（见图 2-2-5）。

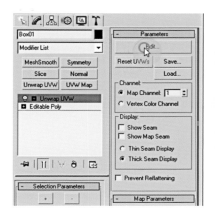 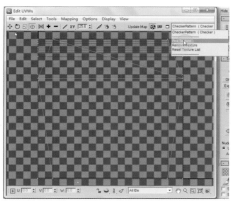 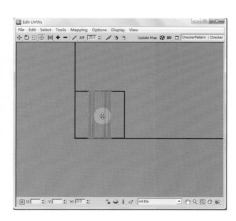

图 2-2-3　打开 Edit UVWs 操作视图　　　　图 2-2-4　选择 CheckerPattern　　　　图 2-2-5　自动整合

　　先将 UV 挪出有效方形区域，在透视图中选择城墙的侧面再单击 Quick Planar Map（快速展平贴图），计算机自动将其选择面展平（见图 2-2-6）。

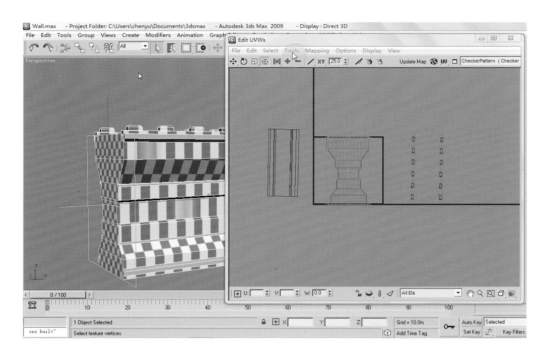

图 2-2-6　将其选择面展平

　　在 UV 编辑视图上方的菜单中单击 Tools（工具）选择 Relax（松弛）。在弹出的对话框中选择 Relax By Face Angles（按面的角度松弛），并将 Iterations（循环）的值设为 1001，Amount 为 1.0，单击 Start Relax（见图 2-2-7）。待展平后用同样的方法将另一侧的 UV 也展开，两个 UV 两边一样可以将两个 UV 重合在一起。

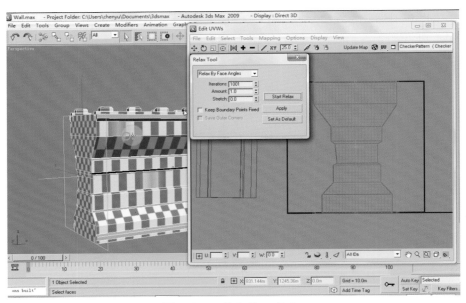

图 2-2-7　单击 Start Relax

（2）选择城墙的正面、上面和背面，执行 Relax，使其展开为一个平面（见图 2-2-8）。

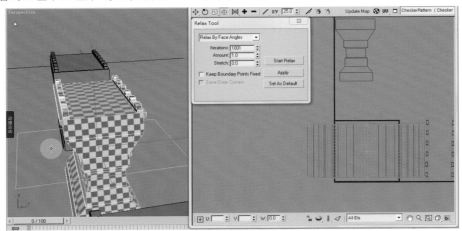

图 2-2-8　执行 Relax，使其展开为一个平面

接下来展开城垛的 UV，在透视图中选择城垛下面的墙体部分，按 F4 键调出线框显示，将墙体两头的竖线选择上（见图 2-2-9）。

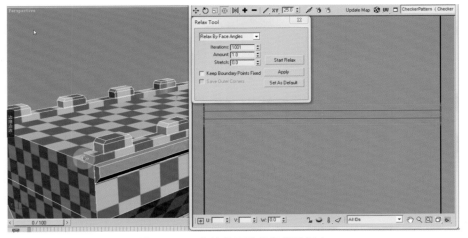

图 2-2-9　将墙体两头的竖线选择上

　　单击右键选择 Break（打断），将线断开（见图 2-2-10），再执行 Relax 将其展开（见图 2-2-11）。同样，选择城垛物体单击 Quick Planar Map，再在透视图中选择竖线右键执行 Break，将其断开，执行 Relax 将其展开。用同样的方法将包边物体展开。

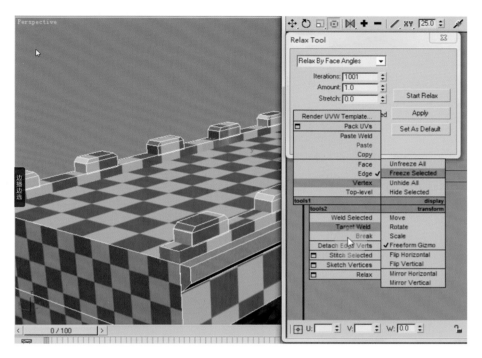

图 2-2-10　将线断开

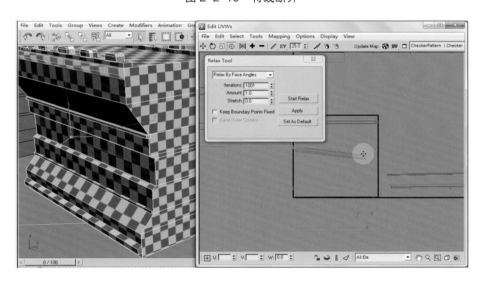

图 2-2-11　将其展开

　　（3）选择城墙一侧向外突出的三个造型（见图 2-2-12）。先选择其中一个按右侧面板上的 Quick Planar Map（快速展平贴图），将其快速展平，重复上面的操作，选择边缘线按右键选择 Break（打断）将线断开（见图 2-2-13），或单击 Edit UVWs 面板上方的断开图标（见图 2-2-14）。依次将其他两个用相同的操作完成 UV 的展开（注意：在展 UV 时有一些比较小的面，容易遗漏，要仔细进行检查）。这样，这一部分城墙模型的 UV 全部展平。

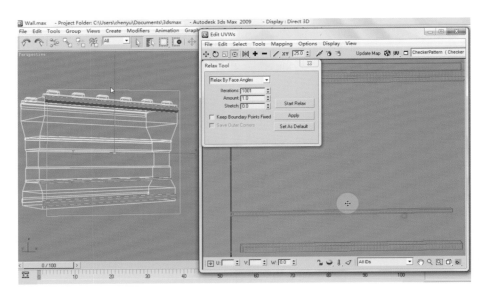

图 2-2-12　三个造型

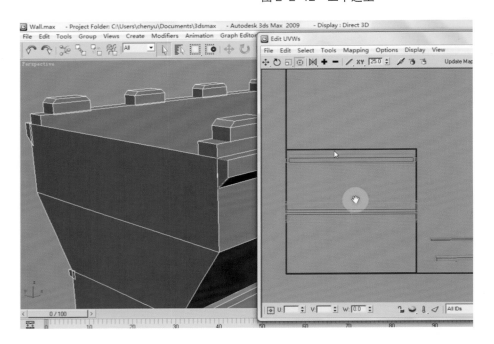

图 2-2-13　将线断开

图 2-2-14　断开图标

　　接下来先关闭 Edit UVWs 面板，将鼠标移至右边黄色高亮显示的 Unmap UVW 上，单击右键选择 Collapse To（塌陷到）（见图 2-2-15）。在弹出的警告栏中单击 Yes 结束塌陷（见图 2-2-16）。塌陷的目的是结束这一阶段的操作，以方便后面的修改操作。再单击修改面板中的 Unmap UVW 命令，重新赋予模型 UV 展平操作命令，单击 Edit 长按钮重新打开 Edit UVWs 操作视图，将展好的 UV 进行重合、缩放、对齐操作（注意：缩放时按 Ctrl 键等比例缩放）。

　　将绿色 UV 线框摆放到蓝色区域内（见图 2-2-17），并对照视图中模型上灰色的棋盘格，检查 UV 大小是否有过大的差别，差别过大将影响后面贴图的清晰度不均匀。这时，在摆放 UV 时要结合棋盘格的大小来适当缩放，以确保棋盘格大小接近（见图 2-2-18）。

（4）在摆放 UV 时，尽量将不同的 UV 以最大面积进行摆放，以保证充分使用像素。并且将不同的 UV 贴紧（间隔不超过 3 个像素）并摆放整齐，以保证贴图减少色差和统一色调的可能（见图 2-2-19）。待 UV 摆放完成后，在视图中选择城墙模型并单击右键，选择 Convert To 的子命令 Convert to Editable poly（转换为多边形）。模型的建立和 UV 的展开操作结束。

图 2-2-15　选择 Collapse To

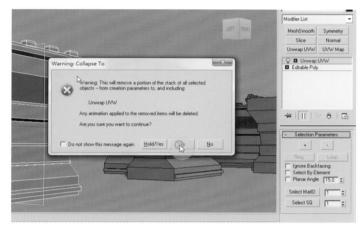

图 2-2-16　结束塌陷

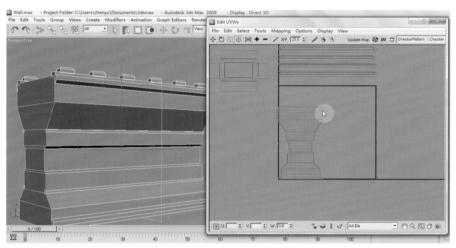

图 2-2-17　将绿色 UV 线框摆放到蓝色区域内

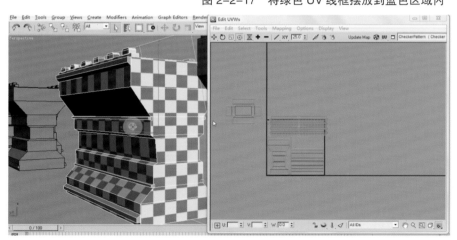

图 2-2-18　确保棋盘格大小接近

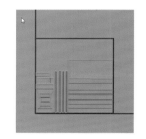

图 2-2-19　将不同 UV 贴紧
并摆放整齐

第三节

贴图制作 ⟪⟪⟪

（1）打开 Photoshop 软件，打开事先绘制好的一张城墙砖块的贴图（图片格式为 jpg），再打开两张准备好的叠加效果的图片（图片格式为 bmp）（见图 2-3-1），将打开的图片另存为 dds 格式（注意：在将贴图保存为 dds 格式时，要确保计算机中安装了 NVIDIA 插件）。这时，弹出的对话框选择 no alpha（无通道）图片格式，单击保存（见图 2-3-2）。

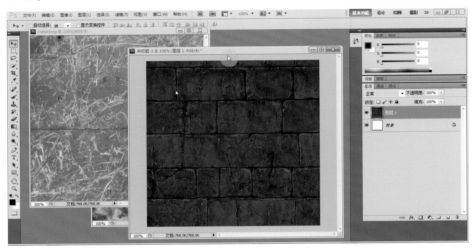

图 2-3-1　打开贴图

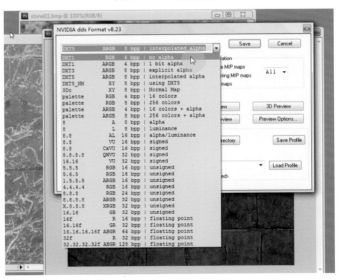

图 2-3-2　保存

　　切换到 3ds Max 软件中，打开材质编辑器，选择一个示例球，单击下方的 Maps 卷展栏，单击 Diffuse Color 后面的 None 长条（见图 2-3-3），弹出材质 / 贴图对话框选择 Bitmap（位图）选项（见图 2-3-4），找到刚才存的 dds 格式的砖墙贴图，并打开。贴图自动载入材质编辑器中，在视图中选择城墙模型，单击赋予贴图按钮（见图 2-3-5）将贴图赋予模型。这时，贴图较大，并且位置也不对（见图 2-3-6）。

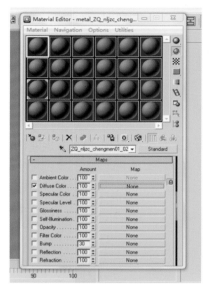

图 2-3-3　None 长条

图 2-3-4　选择 Bitmap 选项

图 2-3-5　赋予贴图按钮

图 2-3-6　贴图较大，位置不对

　　（2）打开 Edit UVWs 对话框，单击上方的在视图中显示贴图按钮（见图 2-3-7），使贴图显示出来，选择所有 UV 单击右键选择 Free from Gizmo（自由变换），按 Ctrl 键等比例放大，这样是为了保证贴图不会变形。

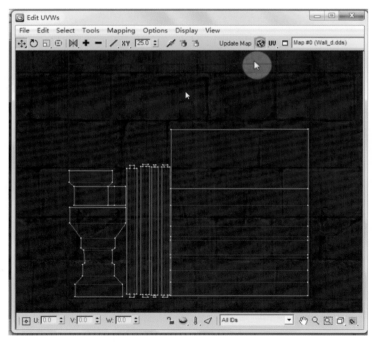

图 2-3-7　贴图按钮

　　在视图中建立一个 2 m 高的长方形模拟人的高度（见图 2-3-8），作为调整贴图大小的参考。接下来对 UV 进行调整，在调 UV 时主要是比例大小和转角接缝的调整和对齐（见图 2-3-9），具体的操作请看随书光盘。

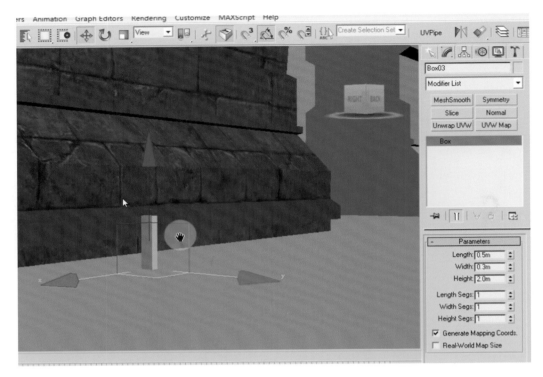

图 2-3-8　建立一个 2 m 高的长方形

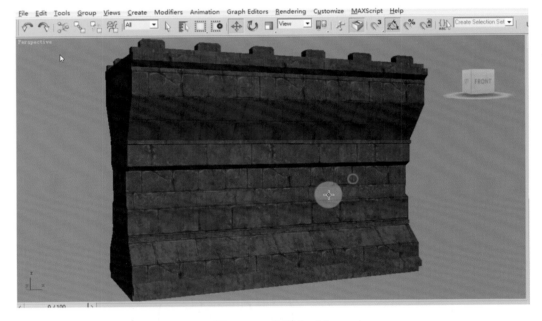

图 2-3-9　调整和对齐

　　(3) 待贴图在 3ds Max 中调整好之后，打开 Photoshop 软件对贴图进行脏旧处理，以增强颜色上的变化感，在先前准备好的叠加图片中选择一张拖曳到城墙贴图上，选择图层模式为颜色模式（见图 2-3-10），为了得到更好的融合效果，将图层模式的不透明度改为 21%（见图 2-3-11）。选择另外一张叠加图片并拖曳至城墙图片上，同样将图层模式改为颜色，将不透明度改为 62%（见图 2-3-12）。这样，原来的城墙砖就有了较为丰富的色彩变化。

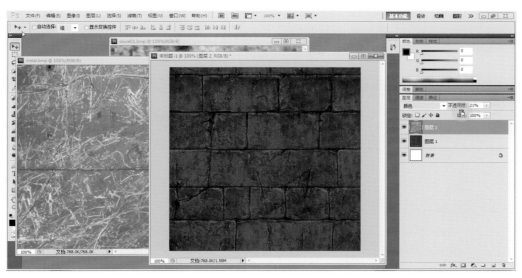

图 2-3-10　颜色模式

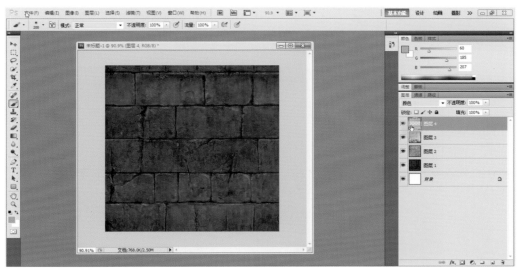

图 2-3-11　不透明度改为 21%

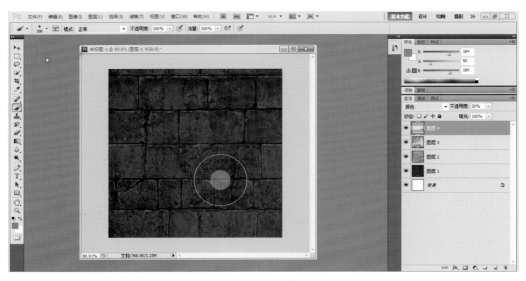

图 2-3-12　将不透明度改为 62%

　　为了增强贴图的色彩真实性，还要对贴图进一步增加一些细节。新建一个图层，选择画笔工具并选择一个合适的笔刷，将前景色设为 R：79 G：176 B：229 的蓝色，图层模式为颜色，在贴图上横向涂刷，并将不透明度改为 20%（见图 2-3-13）。保存到相同路径（以便于 3ds Max 识别）（见图 2-3-14）。

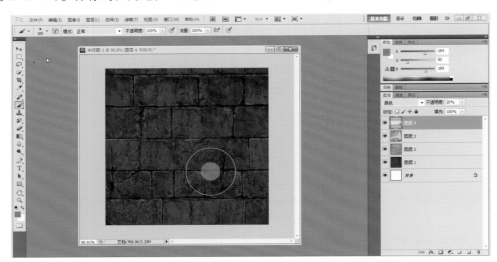

图 2-3-13　将不透明度改为 20%

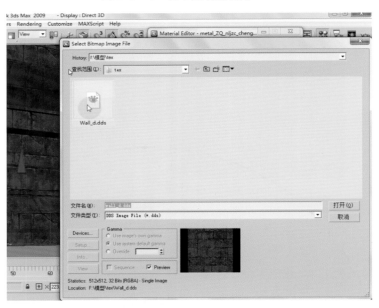

图 2-3-14　保存到相同路径

　　(4) 回到 3ds Max 中，打开材质编辑器将保存的贴图载入示例球。这时，视图中的贴图已经发生了变化。也可以不断地在 Photoshop 中调整贴图色彩并存储来达到想要的效果（见图 2-3-15）。

　　(5) 用制作法线贴图。为了快捷方便使用了一款 Crazbump 专业法线贴图转换软件来制作法线贴图的，可以在网上下载 Photoshop 滤镜插件——NVIDIA Normal map Filter 安装来进行法线贴图的转换。打开 Crazbump 软件，在 Crazbump 中打开 dds 格式的贴图文件（见图 2-3-16）。

　　Crazbump 会生成两张灰度图（见图 2-3-17），单击右边灰度图，Crazbump 自动将灰度图转换为法线贴图（见图 2-3-18），调整左面的 Fine Detail（最终细节）、Medium Detail（中等细节）、Large Detail（最大细节）滑杆来调整法线贴图的细节（见图 2-3-19）。细节调整完毕后，将法线贴图 Copy，打开 Photoshop 把法线贴图粘贴到图层中（见图 2-3-20），另存为一张 dds 格式的贴图文件。

图 2-3-15 达到想要的效果

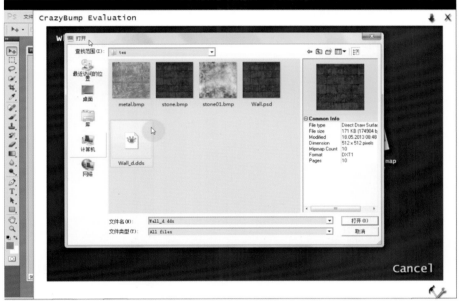

图 2-3-16 打开贴图文件

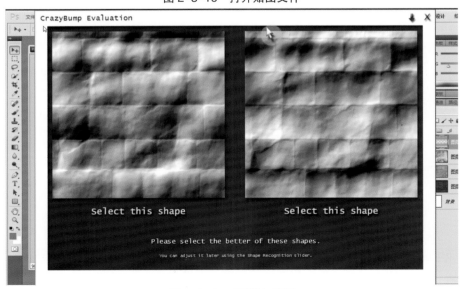

图 2-3-17 两张灰度图

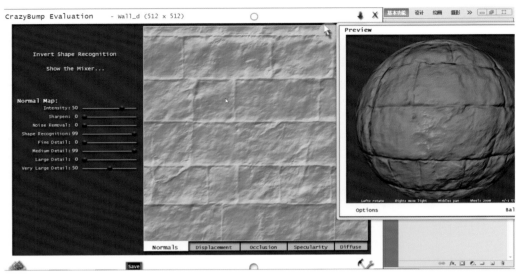

图 2-3-18 法线贴图

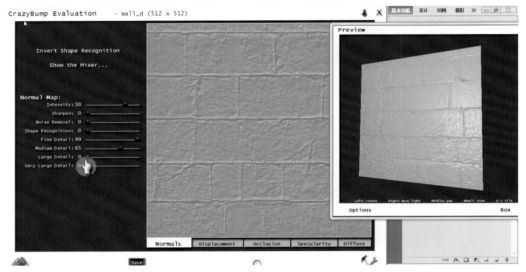

图 2-3-19 调整贴图细节

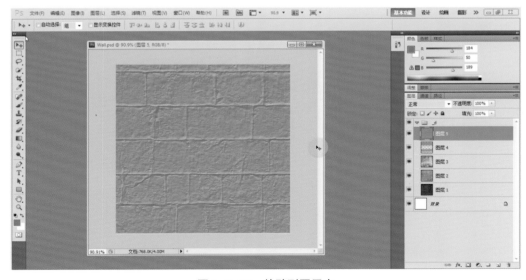

图 2-3-20 粘贴到图层中

（6）打开 3ds Max 软件，打开材质编辑器，选择第一个已有 Diffuse 贴图的示例球，打开下方的 Maps 卷展栏，勾选 Bump（凹凸贴图），按后面的 None 长条将先前保存的法线贴图载入 Bump 贴图通道中（见图 2-3-21），这时在视图中看到效果并不明显（因为法线贴图是在引擎中才能完全显现出来的）。

（7）制作高光贴图。先打开 Photoshop，选择图层单击图层面板下方的色彩调整按钮（见图 2-3-22），在出现的选择项中选择色阶命令，分别拖动色阶对话框中左边的黑色块向右和右边的白色块向左使贴图暗下来（见图 2-3-23）。

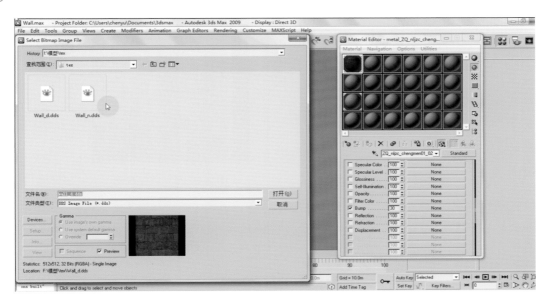

图 2-3-21　载入 Bump 贴图通道中

图 2-3-22　选择色彩调整按钮

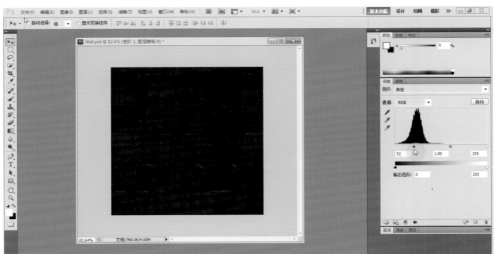

图 2-3-23　使贴图暗下来

单击图层面板下方的色彩调整按钮选择曲线命令（见图 2-3-24），将曲线对话框中的曲线调成 S 形（见图 2-3-25），使贴图更加暗；继续以上操作选择色相/饱和度命令（见图 2-3-26），分别调整色相、饱和度、明度的滑块，使贴图中较亮的部分呈现亮暖色（见图 2-3-27）。再选择曝光度命令（见图 2-3-28），分别调整曝光度、位移滑杆使贴图高光部分更明显，调整后另存为一张 dds 格式的高光贴图。

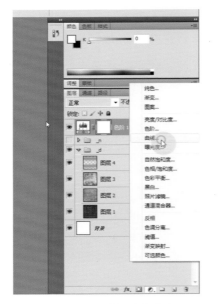

图 2-3-24　选择曲线命令　　　　　图 2-3-25　调成 S 形

图 2-3-26　选择色相 / 饱和度命令　　图 2-3-27　呈现亮暖色　　图 2-3-28　选择曝光度命令

　　（8）打开 3ds Max 软件，打开材质编辑器，打开 Maps 卷展栏勾选 Specular Color（高光颜色）并载入高光贴图，高光贴图也对场景模型产生了作用，但效果不是太明显，因为和法线贴图一样，高光贴图也是在引擎编辑器中才能完全显现出来。

第三章
提高篇

3dsMax
YOUXI
CHANGJING
ZHIZUO

第一节

风车简模制作 《《

（1）打开一张风车的原画图片，将这张图片作为模型制作的参考（见图 3-1-1）。

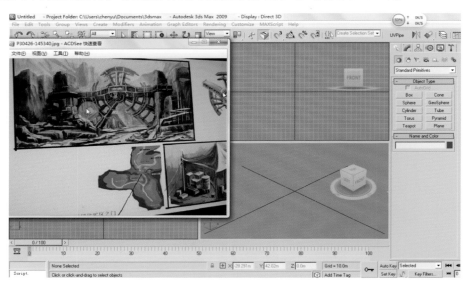

图 3-1-1　原画图片

打开 3ds Max，选择菜单 Customize（用户订制）下的 Units Setup（单位设置），确保单位为 Meters（米）（见图 3-1-2）。

图 3-1-2　单位设置

选择 Box 几何图形在顶视图拖拉出一个盒子（见图 3-1-3），按 P 键切换到透视图，将建的盒子尺寸修改为 Hight 为 3.0 m、Width 为 10.0 m、Length 为 30.0 m。这样，就在视图中建立了一个长 30.0 m，宽 10.0 m、高 3.0 m 的方形物体（见图 3-1-4），将方形物体转换为多边形物体，按 F4 键使物体的边线显示出来以方便观察。

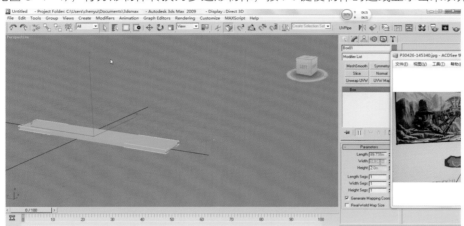

图 3-1-3　拖拉出一个盒子

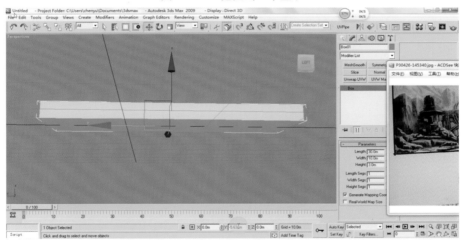

图 3-1-4　方形物体

选择 Cylinder（圆柱体）在左视图建立圆柱体（见图 3-1-5），圆柱体的边线为默认的 18 段，在游戏模型的制作中要保证双数，避免单数边线（见图 3-1-6），这样模型在导入到引擎中不容易出现错误。

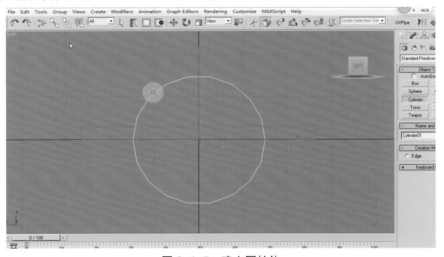

图 3-1-5　建立圆柱体

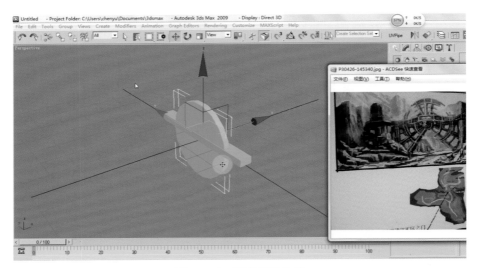

图 3-1-6　避免单数边线

单击工具栏上的三维吸附工具（见图 3-1-7）在对话框中点选 Options（选项），并勾选下方的 Use Axis Constraints（使用轴向约束）（见图 3-1-8），按 2 键切换到线操作层级，点选圆柱体拖曳按轴向进行对齐。将视图中的两个物体全选，单击右方的系统按钮（见图 3-1-9），再单击下方的 Reset XForm（重设轴向模式），再单击下方的 Reset Selected（重设选择）来定位物体的坐标和物体摆放方向一致（见图 3-1-10），再单击右键选择 Convert To 的子菜单 Convert To Editable Poly（转换为可编辑多边形），这样坐标会进行物体旋转操作时实时地与物体保持一致。

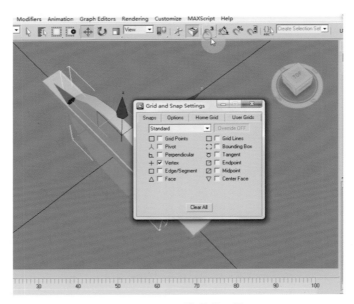

图 3-1-7　三维吸附工具

图 3-1-8　勾选 Use Axis Constraints　　　图 3-1-9　系统按钮　　　图 3-1-10　定位坐标

（2）按 2 键，进入线段编辑层级，在顶视图中选择盒子物体的横向边线（见图 3-1-11），然后单击编辑面板下方的 Connect（连接）按钮，在盒子中间连接一条中线，再将中线两边的部分都选择，执行 Connect（连接）命令，又建立了两条中线，选择中间部分（见图 3-1-12）。按 E 键切换为缩放工具，按 X 轴向内挤压，调到合适大小后放开鼠标（见图 3-1-13）。按 T 键切换为顶视图，再按 1 键进入点编辑层级，选择中间的点（见图 3-1-14）。

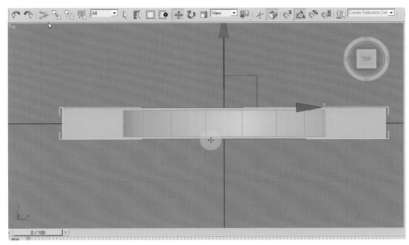

图 3-1-11　选择物体的横向边线

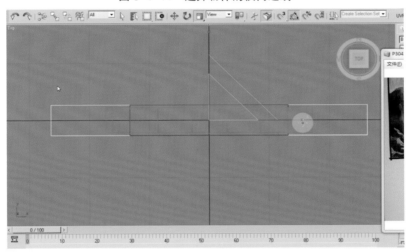

图 3-1-12　选择中间部分

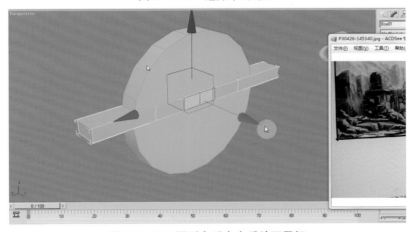

图 3-1-13　调到合适大小后放开鼠标

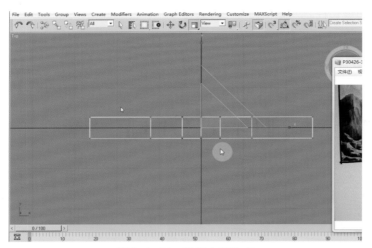

图 3-1-14　选择中间的点

按 E 键选择缩放工具，按 Y 轴拖拉成的形状（见图 3-1-15）。

选中圆柱体按 4 键，进入面操作层级将圆柱的两边选中，单击右键选择 Inset（插入）命令，在弹出的对话框中将 Inset Amount（插入数值）修改为 2.5 m。模型向圆柱内部收缩，按 Delete 键将红色高亮显示部分删除（见图 3-1-16）。

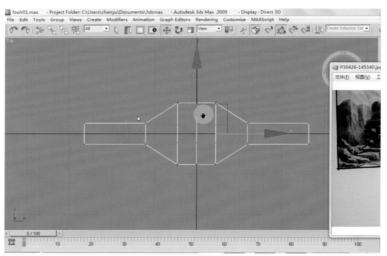

图 3-1-15　形状

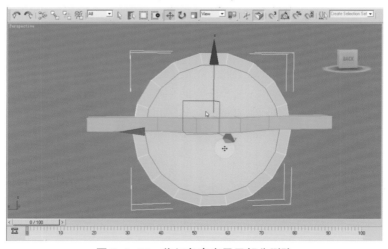

图 3-1-16　将红色高亮显示部分删除

　　按 3 键切换到边缘层级操作模式，单击其中一边的圆形边，并选择移动工具向另一边拖曳，和另一边的边线基本重合（见图 3-1-17），按 1 键切换到点层级（见图 3-1-18），单击右键选择 Convert to vertex（连接到点），再单击右键选择 Weld（焊接）命令将点进行焊接。

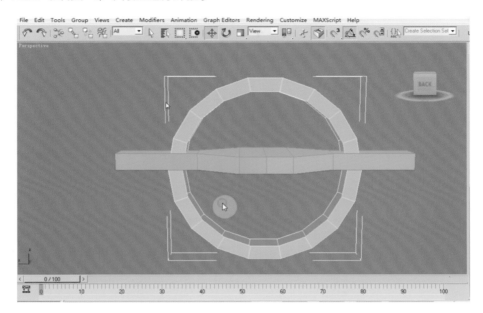

图 3-1-17　和另一边的边线基本重合

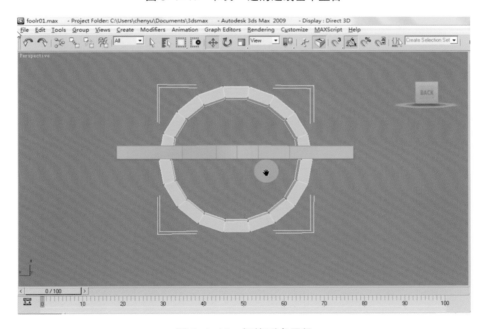

图 3-1-18　切换到点层级

　　再按 4 键切换到面级别，选择缩放工具按 Shift 键向内拖曳，复制一个新的圆（见图 3-1-19），再按 1 键切换到点层级选择内部圆形的点，如图 3-1-20 所示，选择缩放工具拖曳到一定程度放开鼠标。

　　（3）选择外面的大圆，按 2 键切换到线段层级点选其中一个线段，单击修改面板中的 Ring（环形），和第一个被选择线段相邻的线段都被选择（见图 3-1-21），同样圆形另外一面的线段也进行相同的操作（注意：在进行多项选择时，按 Ctrl 键进行选择是加选）。单击右键执行 Connect（连接）命令在选择的线段中增加 2 条环形线（见图 3-1-22）。

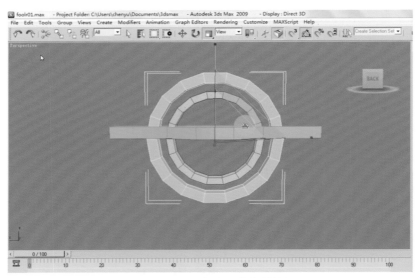

图 3-1-19　复制一个新的圆

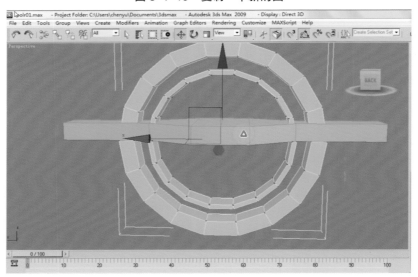

图 3-1-20　切换到点层级选择内部圆形的点

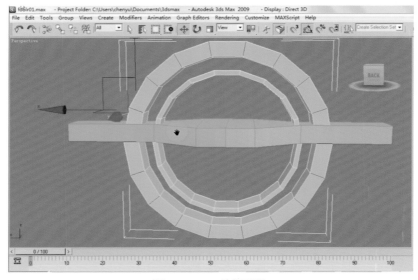

图 3-1-21　选择线段

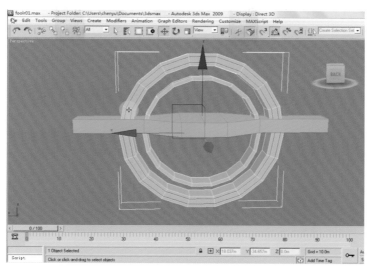

图 3-1-22　增加 2 条环行线

选择纵向线段按 Ring（环形），将所有相邻线段选择，单击右键选择 Convert to Face（转换到面）（见图
3-1-23），将选择区域转换为面选择状态（见图 3-1-24）。

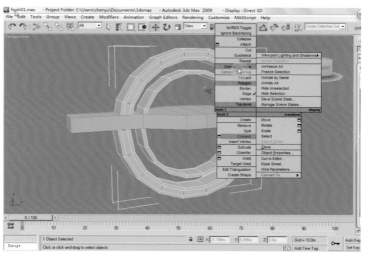

图 3-1-23　选择 Convert to Face

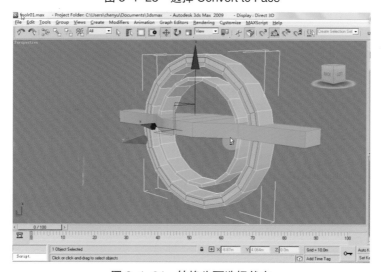

图 3-1-24　转换为面选择状态

单击右键选择 Extrude（挤压）命令，调整 Extrusion Height（挤出高度）为 −1.0（注意：在挤压命令中，正数为向外挤压，负数是向内挤压），这里根据模型造型应使用负数向内挤压（见图 3−1−25），切换到点层级操作模式拖曳点，调整其位置。

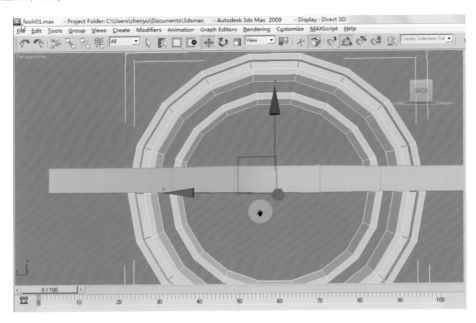

图 3−1−25　向内挤压

这样的操作是一种制作方法，但在游戏场景模型的制作中为了节省面数，通常不去过多地制作凹凸结构，有些起伏结构是依靠贴图的制作模拟出来的。

（4）选择中间的较小圆形，按 Shift 键用缩放工具再向内复制出一个圆形，调整合适的大小和厚度（见图 3−1−26）；再向内复制出一个圆形，选择内部的所有线段将其删除，按 3 键切换到边缘层级，点选其中一边的内部边缘线（见图 3−1−27），按修改面板上的 Collapse（塌陷）命令，将其闭合成为实心物体（见图 3−1−28）。

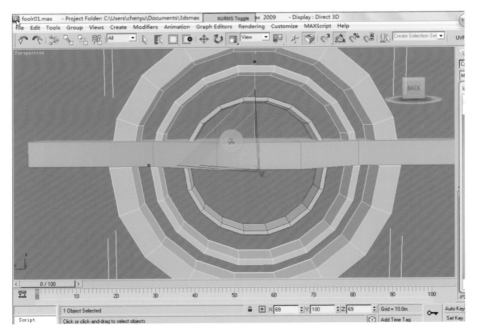

图 3−1−26　调整合适的大小和厚度

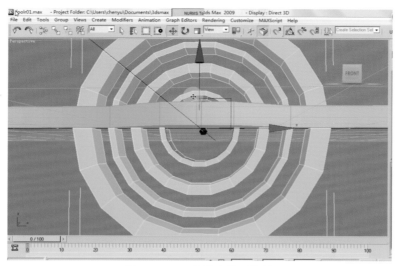

图 3-1-27 点选内部边缘线

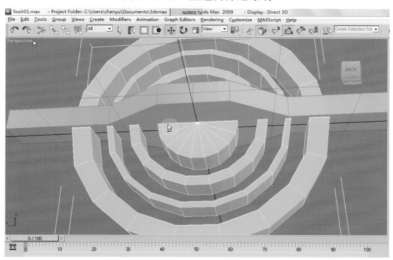

图 3-1-28 实心物体

(5) 制作下面的支撑部分。切换视图为顶视图,在顶视图中建立一个 Box(见图 3-1-29),移动至合适位置,并选择缩放工具调整其造型(见图 3-1-30)。

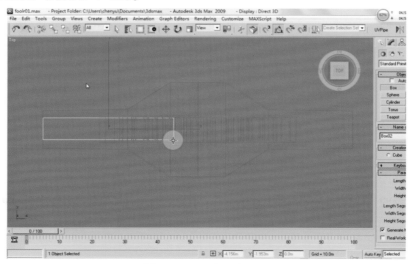

图 3-1-29 建一个 Box

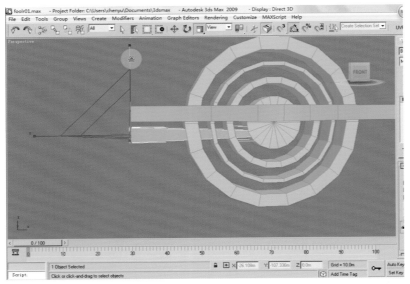

图 3-1-30　调整其造型

在层级面板中点选 Affect Pivot Only（只影响轴心）按钮（见图 3-1-31），在视图中将物体的轴心移至右端（见图 3-1-32），再单击 Affect Pivot Only 关闭。

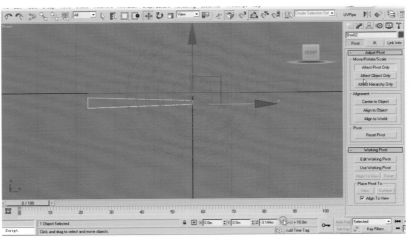

图 3-1-31　点选 Affect Pivot Only 按钮

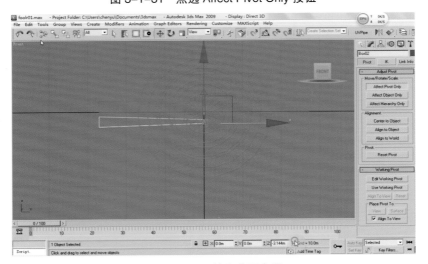

图 3-1-32　轴心移至右端

按 E 键切换到旋转工具，按住 Shift 键旋转并复制出一个支撑物体，根据参考图再复制出其他的支撑物体并放置在合适的位置（见图 3-1-33）。选择下方的 1 根支撑物体单击右键，选择 Attach（结合），再单击另外 3 根将其结合成一个物体（见图 3-1-34）。

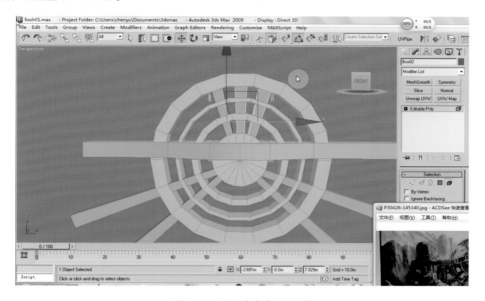

图 3-1-33 放在合适位置

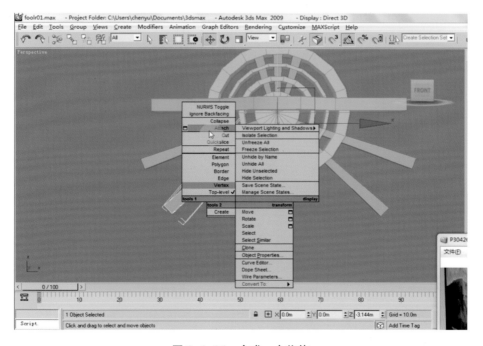

图 3-1-34 合成一个物体

注意：如果想分别改动结合后的物体，需点选元素按钮，或按 5 键修改（见图 3-1-35）。将视图中的所有物体全选执行 Reset XForm，单击 Reset Selected 重置坐标，并将物体转换为编辑多边形物体，以方便后续操作。

（6）根据参考图，按 4 键，切换到面层级，选择圆形下方的面并删除（见图 3-1-36）。

再按 3 键切换到边缘层级，框选物体的边缘呈红色高亮显示，单击右键选择 Cap（加盖）命令，将物体开口处封闭起来（见图 3-1-37）。继续根据参考图，将其他部分删除并进行以上相同操作，具体重复操作请参看随书光盘。

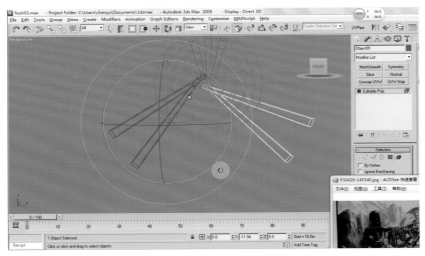

图 3-1-35　单击键 5 修改

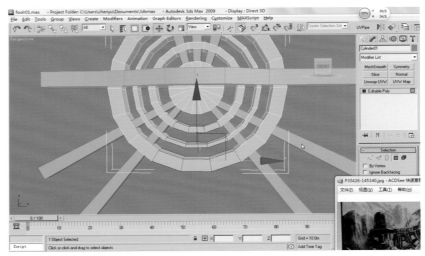

图 3-1-36　选择面并删除

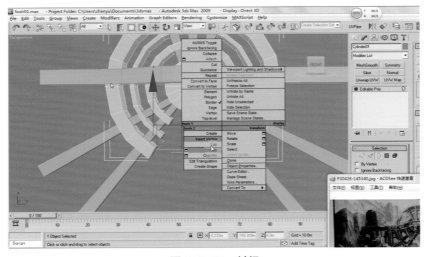

图 3-1-37　封闭

（7）在前视图中建立一个圆柱体（见图 3-1-38），并将其转换为多边形物体。

按 4 键选择圆柱横截面的两面，单击右键选择 Inset（插入）命令，插入一个内收 4 m 的距离（见图 3-1-39），按删除键将内部的面删除，再按 3 键切换到边缘层级，点选其中一个封闭的边缘线用移动工具向另一边拖曳，使边缘线对齐，单击右键选择 Convert to Vertex（转换到点），再单击右键选择 Weld（焊接）命令将点进行焊接（见图 3-1-40）。

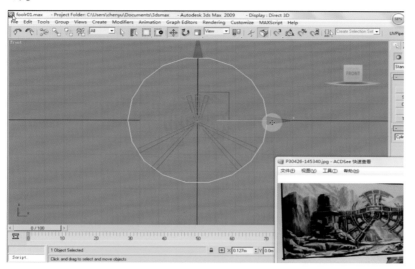

图 3-1-38　圆柱体

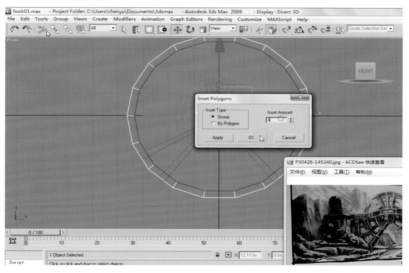

图 3-1-39　内收 4 m 的距离

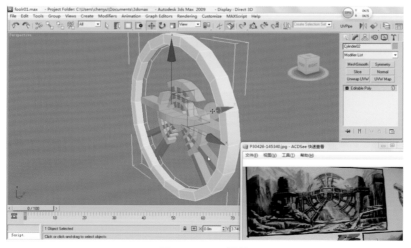

图 3-1-40　焊接

第二节

高模制作 《《《

（1）按参考原画将新建的圆柱多余部分删除并摆放到合适位置，按工具栏上的材质编辑器选择一个灰色示例球并赋予场景中的模型，再选择修改面板（见图 3-2-1）的边框颜色修改，将其修改为黑色（见图 3-2-2）。

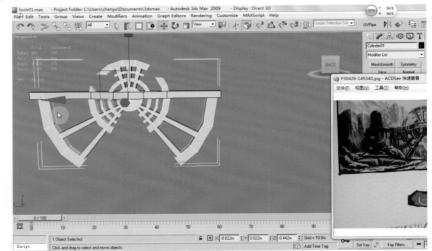

图 3-2-1　修改面板　　　　　　　　　　　　　　　　图 3-2-2　修改为黑色

（2）将模型再复制一个，制作高模，高模的制作就是将模型进行造型上的细化，更多地绘制出模型的细节（见图 3-2-3）。

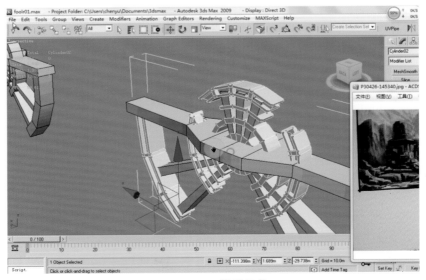

图 3-2-3　模型细节

　　选中中间横向的模型制作细节（见图3-2-4），按2键切换到线层级选择两边，按"Ctrl+Shift+E"组合键加线（见图3-2-5）。

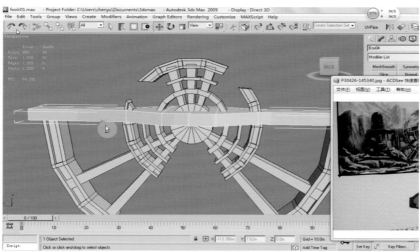

图 3-2-4　绘制细节

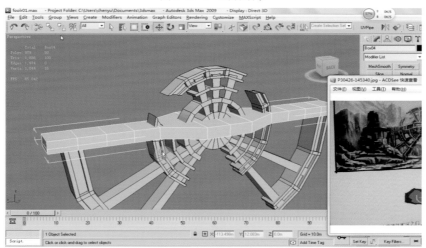

图 3-2-5　加线

按4键切换为面层级，按Alt键将两边的面减掉（见图3-2-6），单击右键选择Inset（见图3-2-7）。

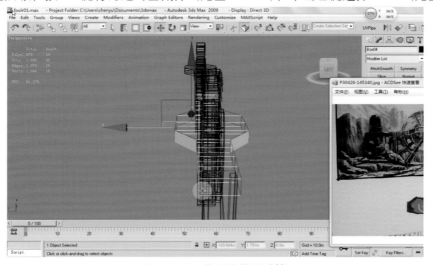

图 3-2-6　将两边的面减掉

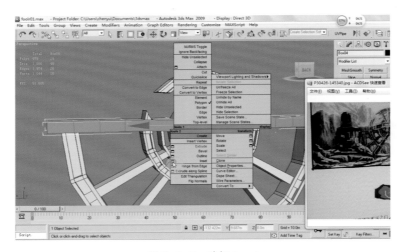

图 3-2-7 选择 Inset

在对话框中将 Inset Amount 调整为 0.35 m，并勾选 By Polygon（按个体多边形方向）（见图 3-2-8），在单击右键选择 Extrude（挤出），在弹出的对话框中勾选 Local Normal（自身法线方向）挤出，修改 Extrusion Height（挤出高度）为 -0.5 m（见图 3-2-9），使所选择的面向内缩进，并用缩放工具缩小一些。

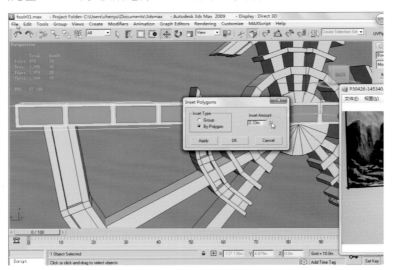

图 3-2-8 勾选 By Polygon

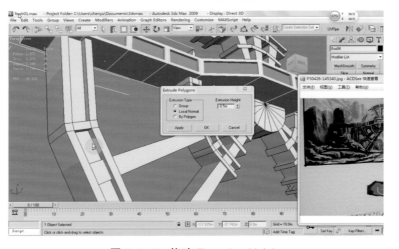

图 3-2-9 修改 Extrusion Height

（3）选择中间的圆柱部分，单击右键选择 Convert to Edge（转换到边）（见图 3-2-10），将中间的线选中并删除（见图 3-2-11）。

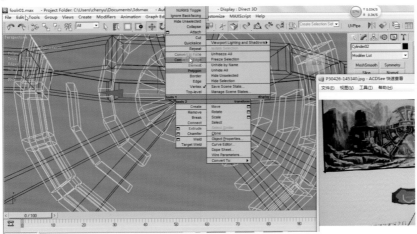

图 3-2-10 选择 Convert to Edge

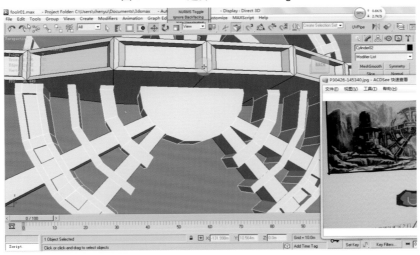

图 3-2-11 将中间的线选中并删除

按 4 键分别选择圆柱的两边（见图 3-2-12），单击右键选择 Inset，再单击右键执行 Extrude，输入 -0.5，勾选 Local Normal，单击 OK 结束（见图 3-2-13）。

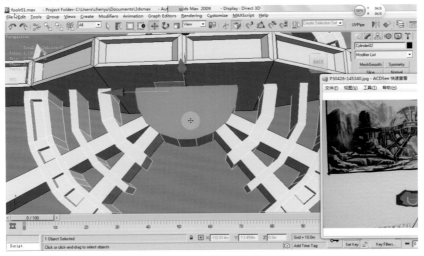

图 3-2-12 选择圆柱的两边

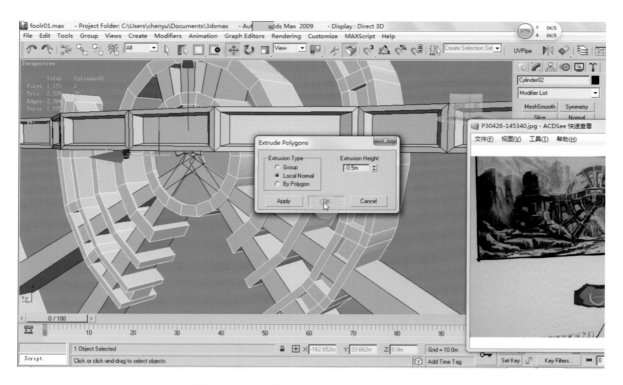

图 3-2-13　勾选 Local Normal，单击 OK 结束

现在，视图中的模型一个为简模、另一个为高模（见图 3-2-14）。

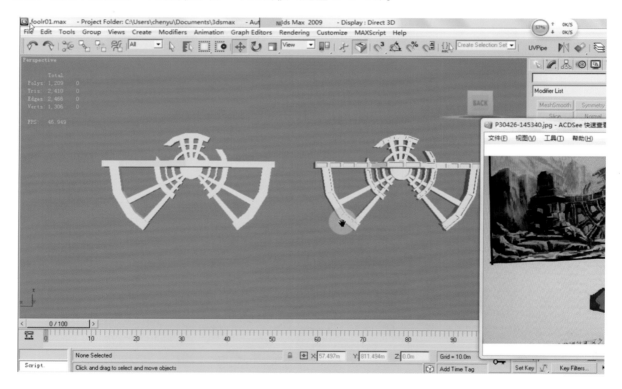

图 3-2-14　简模和高模

第三节

拆分风车 UV 《《《

（1）在展 UV 之前，检查一下模型的布线和计划切割的合理性。在模型中间切割出一条中线（见图 3-3-1），为了方便展 UV 时分布对称形。在修改面板中单击 Unwrap UVW 按钮，再单击 Edit 按钮，打开 Edit UVWs 对话框（见图 3-3-2）。

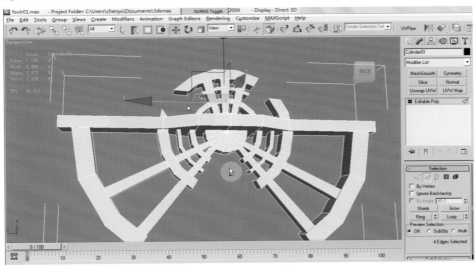

图 3-2-1　割出一条中线

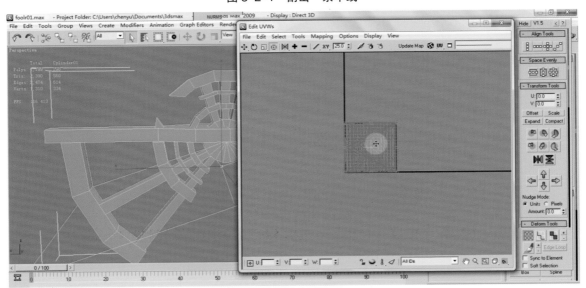

图 3-3-2　打开 Edit UVWs 对话框

　　全部框选视图中的 UV 线，使其红色高亮显示，单击右侧 Quick Planar Map（快速展平线图）按钮（见图 3-3-3），使 UV 线框按单独物体形式重叠排列出来。在透视图中单击选择平台物体，再单击 Quick Planar Map（快速展平线图）按钮，使其快速展平，再在透视图中选择上面的面（见图 3-3-4）。

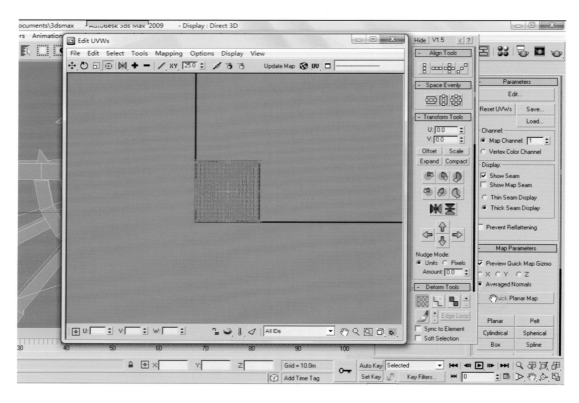

图 3-3-3　单击右侧 Quick Planar Map 按钮

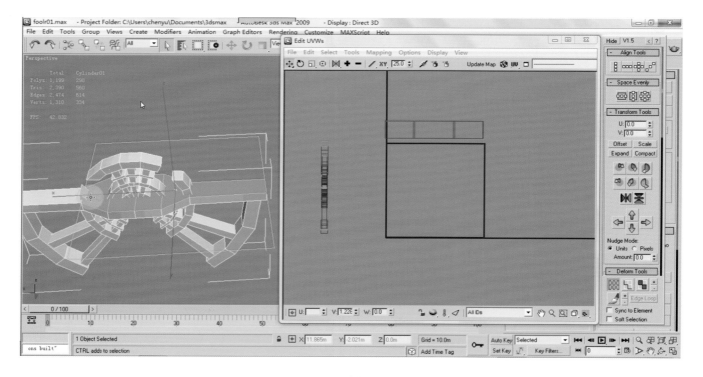

图 3-3-4　选择上面的面

　　单击右侧 Quick Planar Map（快速展平线图）按钮，使其展平（见图 3-3-5）；执行同样的操作将平台下面的面也展平（见图 3-3-6），系统会自动将相同的 UV 重叠在一起。随后，将侧边展开，并将展开的 UV 执行 Relax Tool（放松工具）将其最大限度地展平，以避免看不到 UV 的缠绕重叠。将对称物体重合在一起，以节省 UV 的有效空间资源。详细的操作步骤请看随书光盘。

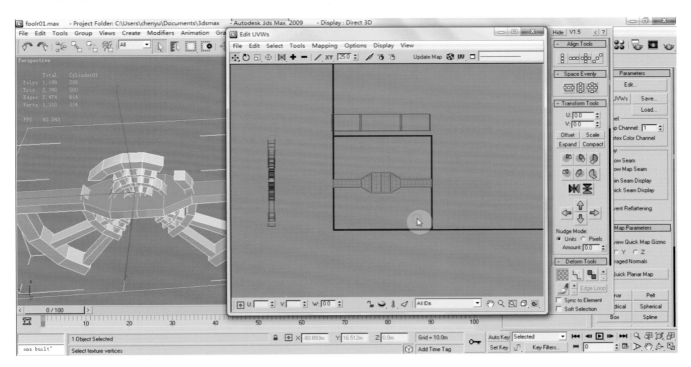

图 3-3-5　使其展平

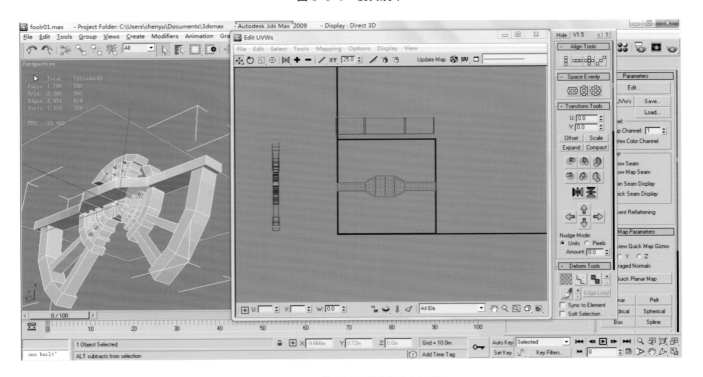

图 3-3-6　将平台下面的面也展平

第四节

风车贴图制作 ‹‹‹

（1）导出 UV，在 3ds Max 中打开 Edit UVWs 对话框（见图 3-4-1），选择菜单 Tools 的卷展命令 Render UVW Template（渲染 UVW 模板）（见图 3-4-2）。

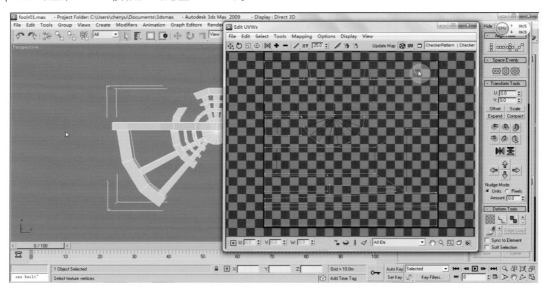

图 3-4-1　打开 Edit UVWs 对话框界面

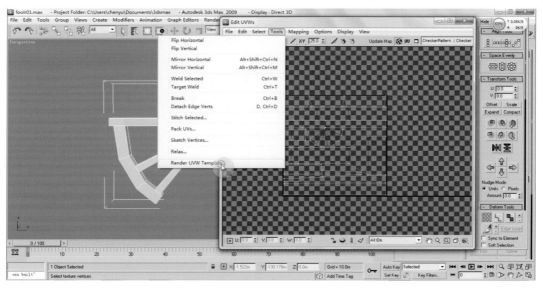

图 3-4-2　选择 Render UVW Template

弹出 Render UVs 对话框（见图 3-4-3），在 width 和 Height 输入 2048，单击对话框下方的 Render UV Template 按钮（见图 3-4-4），单击左上方的保存按钮将其保存为 png 格式，并在弹出的 png Configuration 对话框中确认 RGB 48 bit（281 Trillion）项勾选，单击 OK 结束。png 格式的文件是没有背景层的格式文件，方便制作贴图。

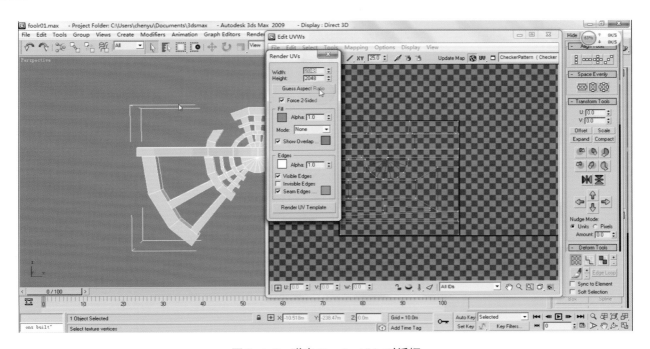

图 3-4-3　弹出 Render UVs 对话框

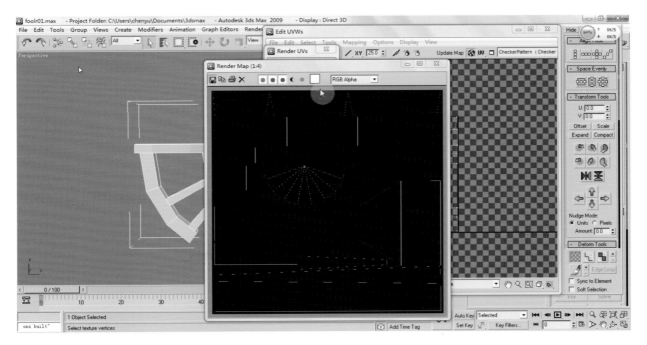

图 3-4-4　单击 Render UV Template 按钮

　　（2）打开 Photoshop 软件，打开刚导出存储的 png 格式文件（见图 3-4-5），单击图像菜单选择模式，并在下拉菜单中选择 8 位通道（A），将文件转换为 8 位通道的文件（见图 3-4-6）。

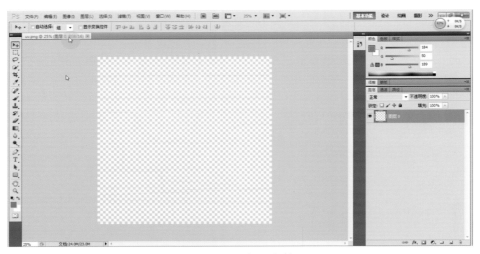

图 3-4-5　打开文件

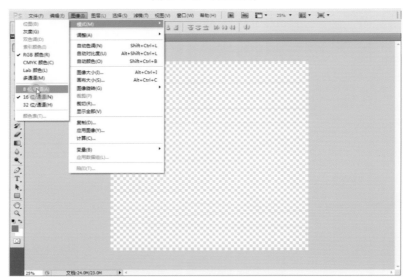

图 3-4-6　将文件转换为 8 位通道的文件

　　在图层面板中新建一层（图层 1），并拖曳至图层 0 的下方，单击工具栏下方的前景色给图层 1 填充一个 RGB（47、56、79）的颜色（见图 3-4-7），按 "Alt+Enter" 组合键将图层 1 予以填充（见图 3-4-8）。

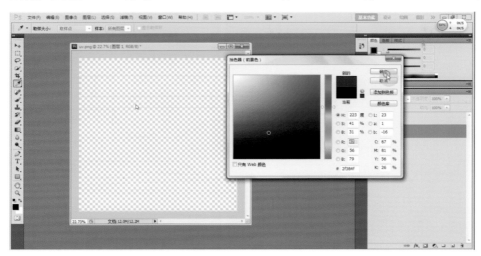

图 3-4-7　填充颜色

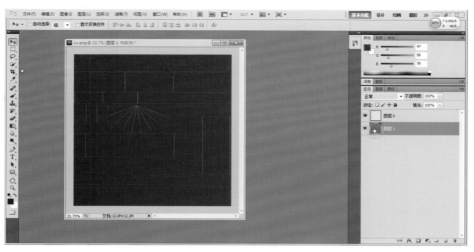

图 3-4-8　填充图层 1

（3）打开事先准备好的贴图文件（见图 3-4-9）并拖进 Photoshop 软件中，将图层 0 的图层模式修改为线性减淡并将不透明度改为 49%。选择工具栏中的方形套索在图层 1 中制作选区，选区的制作就是按照原画的纹理来刻画其凹凸感（见图 3-4-10）。

图 3-4-9　打开贴图文件

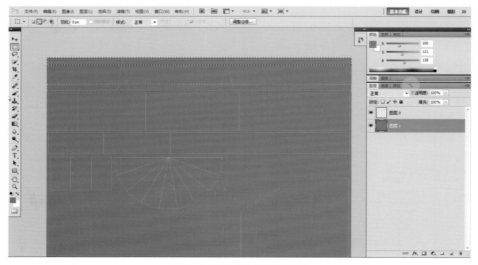

图 3-4-10　刻画其凹凸感

按"Ctrl+J"组合键将选区复制为一个新的图层2，双击图层2弹出图层样式对话框（见图3-4-11），在对话框的左侧勾选斜面和浮雕选项（见图3-4-12）。

图 3-4-11　图层样式对话框

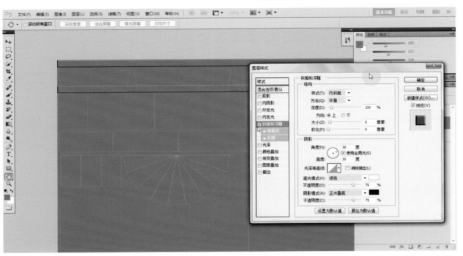

图 3-4-12　勾选斜面和浮雕选项

勾选消除锯齿项，并将"使用全局光"项去除（见图3-4-13），避免局部调整时其他部位受影响。将样式改为内斜面，并分别调整深度值为490%，大小值为15像素，并将光源角度调整为117°。用吸管工具吸取图层1中的颜色为高光模式和阴影模式的颜色（见图3-4-14）。

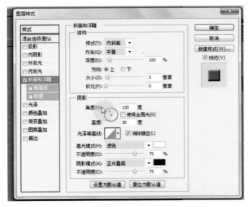 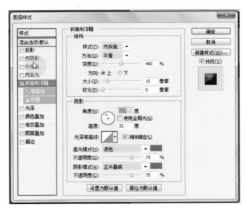

图 3-4-13　将"使用全局光"项去除　　　图 3-4-14　吸取图层 1 中的颜色

　　点选左侧混合选项的外发光来制作阴影（见图 3-4-15）；修改混合模式为正片叠底，将色彩改为图层 1 的颜色。将不透明度的值设为 51%，将大小值设为 49 像素，将品质中的范围设为 50%，单击确定按钮。按"Ctrl+T"组合键把两边向外拖曳，使两头的倒角部分不显示在可视区域（见图 3-4-16）。

图 3-4-15　制作阴影

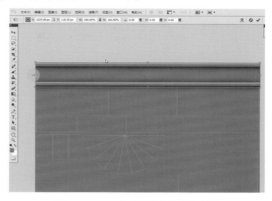

图 3-4-16　不显示在可视区域

　　（4）打开 3ds Max，再打开材质编辑器选择一个示例球，将刚在 Photoshop 中制作的贴图载入，并按赋予场景物体材质按钮，将贴图赋予模型物体（见图 3-4-17）。再次进入 Photoshop 继续制作贴图，打开事先准备好的纹理图片，将其拖曳至贴图中，为了使图片的像素不改变，按"Ctrl+Alt"组合键使用移动工具拖曳复制出多张直至全部覆盖在贴图上，并将图层模式改为叠加模式（见图 3-4-18），不透明度改为 72%。

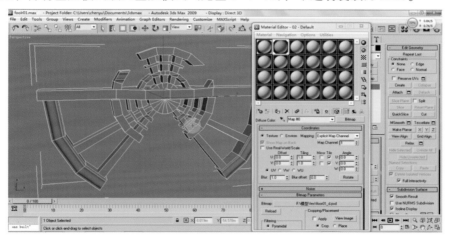

图 3-4-17　将贴图赋予模型物体

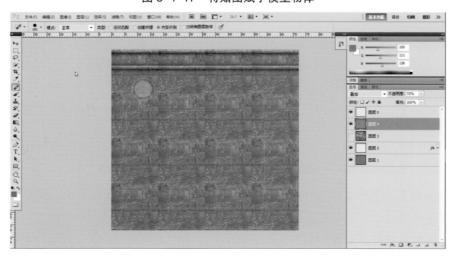

图 3-4-18　叠加模式

之后，使用画笔修复工具将图片的接缝处进行处理，使图片呈现没有接缝的或没有重复的自然纹理状态（见图3-4-19），处理完毕后按"Ctrl+S"组合键保存并切换到3ds Max中观察其效果（见图3-4-20）。可见效果比较自然。

图 3-4-19　自然纹理状态

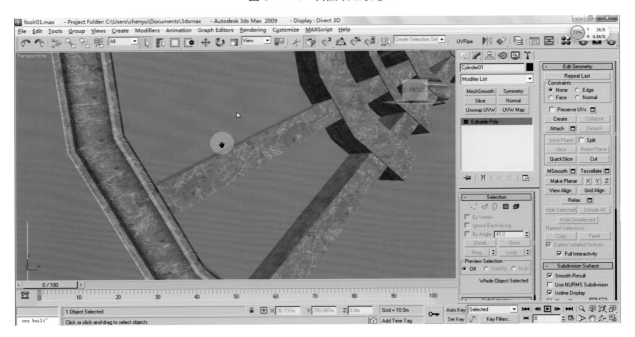

图 3-4-20　保存并切换到 3ds Max 中观察其效果

切换到 Photoshop 后单击图层面板下方的色彩调节，选择色相/饱和度对颜色进行调节，将色相值设为180，使颜色呈土黄色（见图3-4-21），选择图层面板下方的色彩调节按钮，选择色彩平衡命令（见图3-4-22），对其色彩进行修改，具体的数值根据感觉进行调节。这里调出一种偏土黄的颜色。再选择曲线色彩调节命令将色彩整体调节为灰黄色调（见图3-4-23），按"Ctrl+S"组合键保存。切换到 3ds Max 中观察效果。

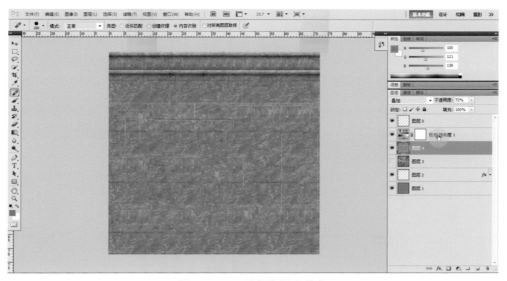

图 3-4-21 使颜色呈土黄色

图 3-4-22 选择色彩平衡命令

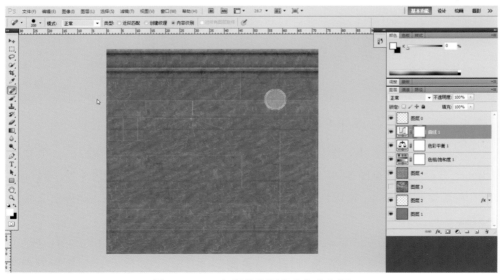

图 3-4-23 色彩整体调节为灰黄色调

（5）切换到 Photoshop 中选择图层 1，选择方形套索工具在贴图上拉出一方形，按 "Ctrl+J" 组合键复制出选择区域为单独一层（图层 5）并进行编辑，双击图层 5 弹出图层样式编辑对话框，选择左侧内发光选项，将混合模式改为正片叠底，具体的数值根据效果调试，效果如图 3-4-24 所示，制作完毕后，按 "Ctrl+Alt" 组合键配合移动工具复制出其他部分，按 "Ctrl+S" 组合键保存。切换到 3ds Max 中观看效果（见图 3-4-25）。

图 3-4-24　效果

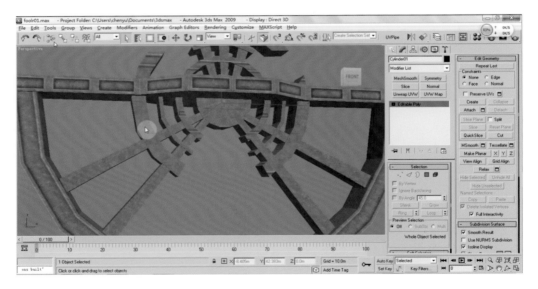

图 3-4-25　切换到 3ds Max 中观看效果

（6）继续制作其他部分的贴图效果，选择图层 1 使用方形套索工具在视图中拖拉出一个方形编辑区域，按 Shift 键加选再拉出一个方形区域（见图 3-4-26），按 "Ctrl+J" 组合键将选区复制为单独一层（图层 6），由于图层 6 要制作的效果和图层 2 大体相同，所以选择图层 2 单击右键选择复制图层样式，将图层 2 编辑好的样式复制下来（见图 3-4-27）。

选择图层 6，单击右键选择粘贴图层样式。这时，图层 2 的样式就被粘贴到图层 6 里面，按 "Ctrl+T" 组合键调出自由变换命令并向左右拖曳使其变为无接缝样式（见图 3-4-28），按 "Ctrl+S" 组合键保存并切换到 3ds Max 中观看效果。制作步骤请参看随书光盘，这里就不再赘述。

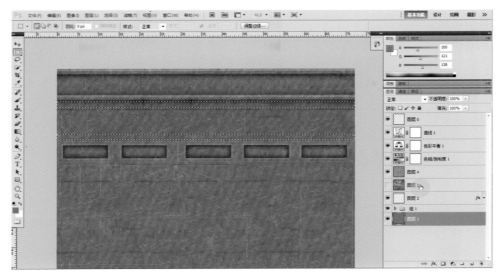

图 3-4-26　方形区域

图 3-4-27　样式复制

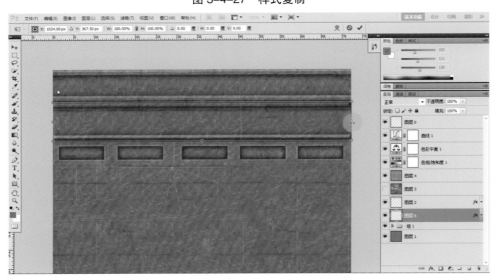

图 3-4-28　无接缝样式

（7）制作平台贴图效果，使用方形套索工具将平台部分框选（见图3-4-29）。

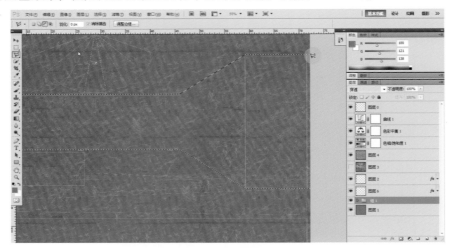

图 3-4-29　将平台部分框选

　　按 Alt 键，继续在选框的内部按一定的间距拖拉，最后呈现边框状选区（见图3-4-30）。注意：这里按 Alt 键使用方形套索工具在已有选区中使用是减选命令。切换到图层 1 按"Ctrl+J"组合键将图层复制为图层 7，单击右键选择粘贴图层样式，将前面复制的图层 2 的图层样式粘贴到图层 7 中（见图3-4-31）。

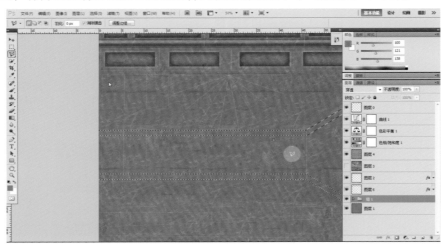

图 3-4-30　边框状选区

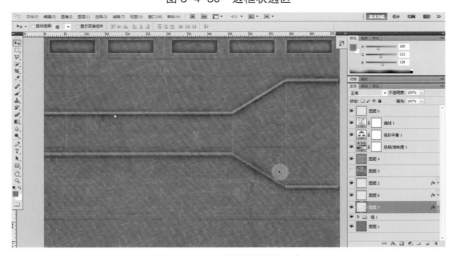

图 3-4-31　粘贴到图层 7 中

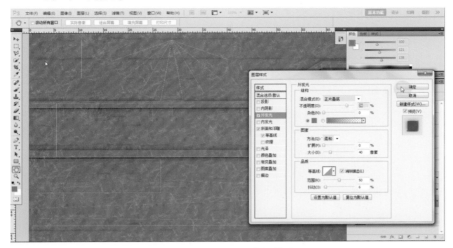

双击图层 7，调出图层样式对话框，点选斜面和浮雕选项，将样式改为外斜面，将深度值改为 184%，大小为 3 像素，把样式改为雕刻清晰模式（见图 3-4-32），将外发光参数进行调节，大小值修改为 40 像素，不透明度修改为 74%（见图 3-4-33），单击确定。

图 3-4-32　雕刻清晰模式

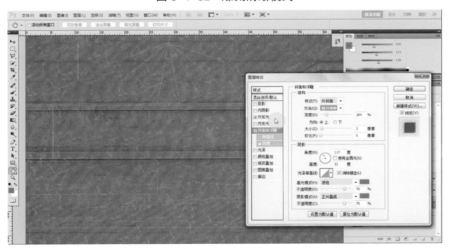

图 3-4-33　外发光参数调节

接下来继续复制图层 5 和图层 2 中内嵌的效果和凸出效果到其他下陷部分和凸出部位（见图 3-4-34）。

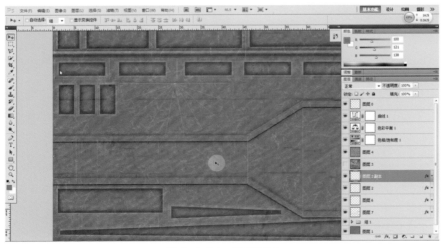

图 3-4-34　复制图层

（8）将视图中的半圆形用方形套索工具框选后，选择图层 1 单击"Ctrl+J"组合键复制出图层 8，按 Alt 键将上面部分切除，按"Ctrl+J"组合键复制出图层 9，并将图层 9 拖至图层 8 的上方，按"Ctrl+T"组合键将图层 9 缩小至一定比例的大小，点选图层面板下方的色彩调整按钮选择曲线调节命令将色彩变暗，将鼠标移至曲线调节层和图层 9 之间按 Alt 键使图层 9 效果过滤到图层 8 之上，制作出凹陷效果（见图 3-4-35）。

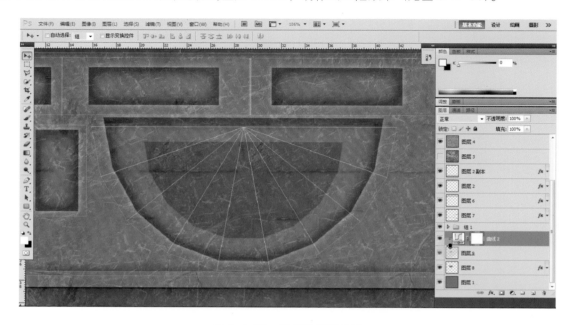

图 3-4-35　制作出凹陷效果

切换到 3ds Max 中观看效果（见图 3-4-36），并打开 UVW 编辑面板，将散落在有效区域外面的 UV 拼到有效区域中（见图 3-4-37）。具体操作请参考随书光盘。

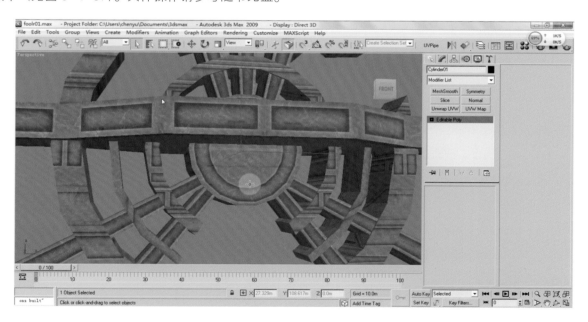

图 3-4-36　切换到 3ds Max 中观看效果

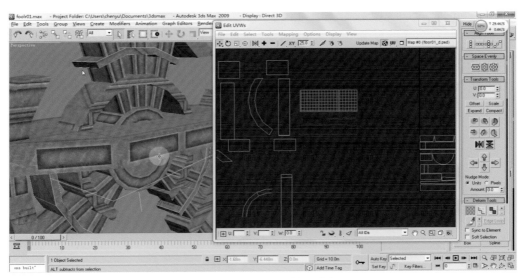

图 3-4-37 拼到有效区域中

（9）将其他图片和贴图进行合成（见图 3-4-38）。选择一张事先准备好的图片拖曳至贴图上方自动生成图层 10，再复制出一图层 10 副本，选择图层 10 副本将其图层模式修改为深色（见图 3-4-39）。

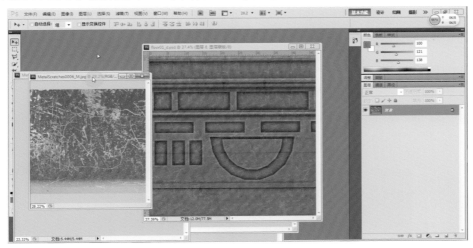

图 3-4-38 合成

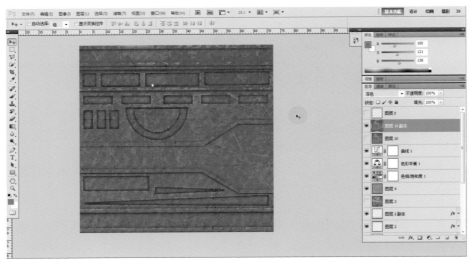

图 3-4-39 修改为深色

　　按"Ctrl+U"组合键调出色相/饱和度面板，将色相值改为 38，明度值改为 −29（见图 3-4-40），将图层不透明度改为 30%。选择图层 10 将图层模式改为颜色加深，按"Ctrl+U"组合键调出色相/饱和度面板，将色相值调整为 67（见图 3-4-41）。

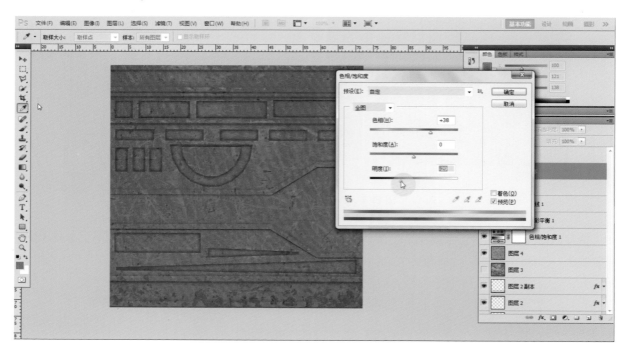

图 3-4-40　调整色相值和明度值

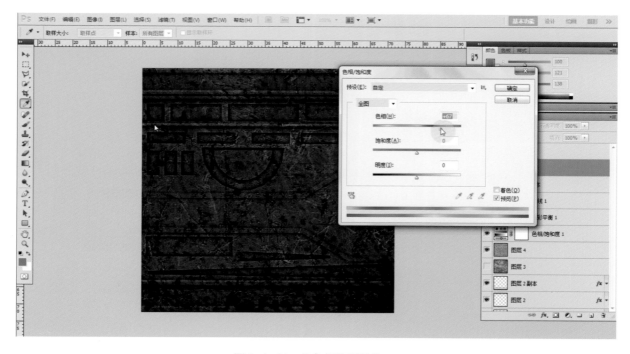

图 3-4-41　将色相值调整为 67

　　继续将其他图片叠加到贴图上，制作斑驳效果，并用画笔工具进行勾线，把外凸部分的高光勾画出来。再使用手绘板对边角部分进行修饰，使受光部位更光滑（见图 3-4-42）。使用画笔工具画一些破损来增强其自然效果（见图 3-4-43）。

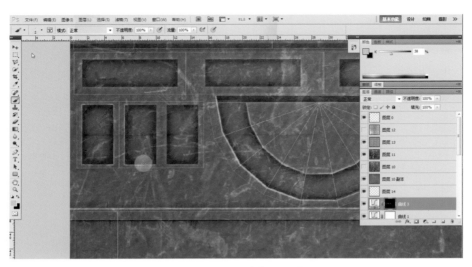

图 3-4-42　使受光部位更光滑

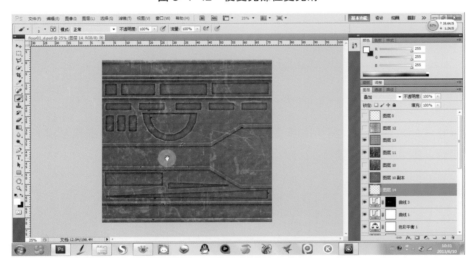

图 3-4-43　增强其自然效果

（10）将制作好的贴图执行滤镜选择 NVIDIA Tools 的子命令 NormalMapFilter，将贴图进行法线贴图制作（见图 3-4-44），最终效果如图 3-4-45 所示。

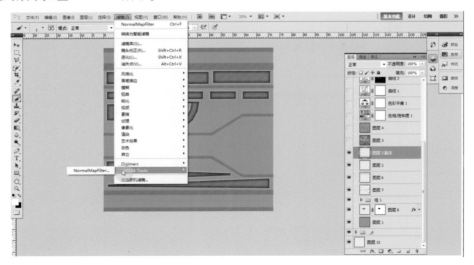

图 3-4-44　法线贴图制作

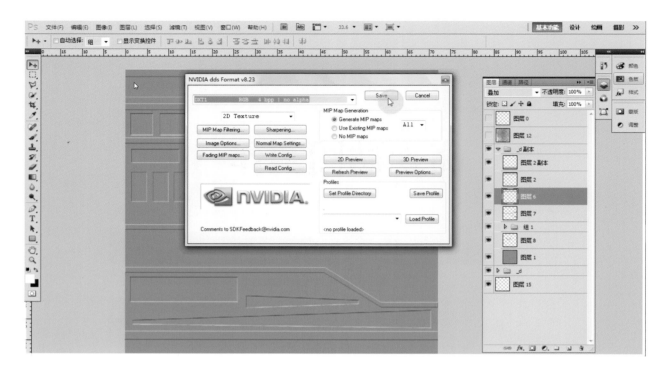

图 3-4-45　最终效果

另存为一张 dds 格式的法线贴图，在弹出的法线贴图格式设定对话框中，要确保 DXT1 RGB 4bpp noalpha 为无通道格式，以备后用，图 3-4-46 所示。

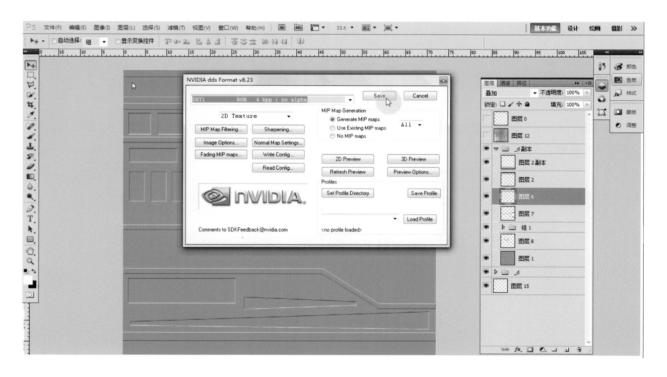

图 3-4-46　无通道格式

第五节

高光贴图制作 ‹‹‹‹

（1）将贴图分组，单击图层面板下方的色彩调节按钮，选择色阶1命令，拖动黑白灰滑块，将其他部分调暗，将较亮部分调亮（见图3-5-1）。再选择曲线命令将曲线调为"S"形，突出高亮部分（见图3-5-2）。

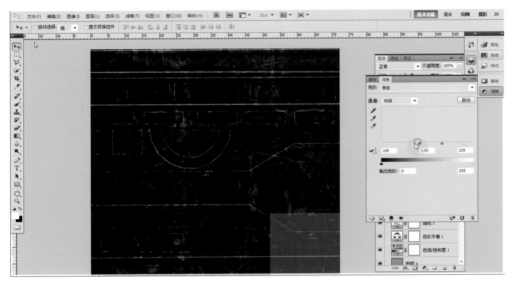

图 3-5-1　将较亮部分调亮

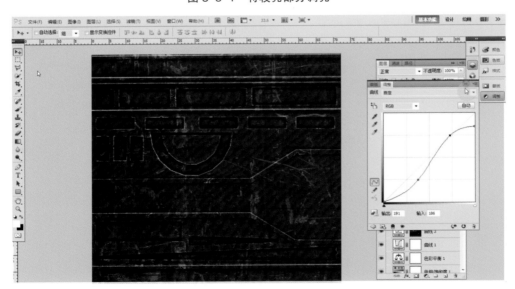

图 3-5-2　将曲线调为"S"形，突出高亮部分

再选择色相 / 饱和度将色相调为 156、饱和度调为 –74，将贴图调为较为蓝冷的颜色（见图 3–5–3），再选择自然饱和度命令，将自然饱和度值调为 77，饱和度调为 –30（见图 3–5–4）。

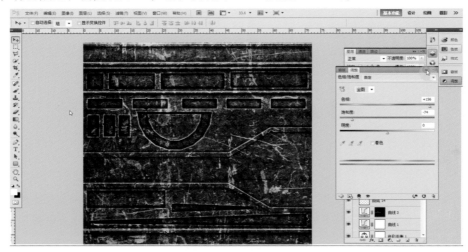

图 3–5–3　调为蓝冷的颜色

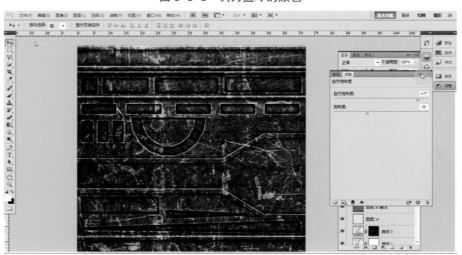

图 3–5–4　调自然饱和度和饱和度

再选择亮度 / 对比度命令，调节亮度为 –1（1），对比度为 72，使贴图的对比度强一些（见图 3–5–5）。

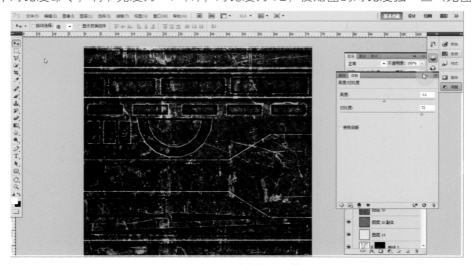

图 3–5–5　对比度强一些

（2）将贴图组复制成另一个组，选择滤镜菜单、选择智能锐化，将半径值设为 0.8 像素，按确定结束，再选择滤镜菜单锐化下面的子菜单 USM 锐化，将数量值调为 61%、半径值调为 0.7 像素（见图 3-5-6），保存为 dds 格式文件。

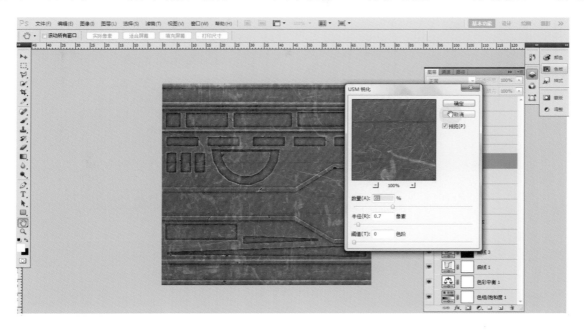

图 3-5-6 调数量值和半径值

（3）打开 3ds Max，再打开材质编辑器，选择一个示例球单击 Standard（标准材质）按钮，在弹出的对话框中选择 DirectX Shader（见图 3-5-7），在弹出的对话框中选缺省项，单击 OK（见图 3-5-8）。

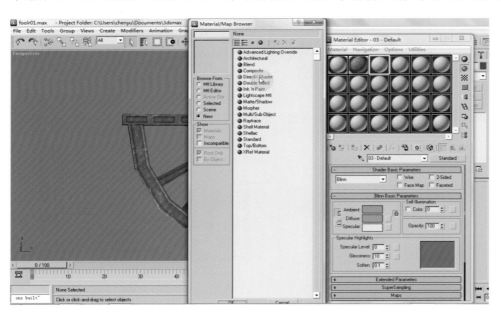

图 3-5-7 选择 Directx Shader　　　　　　　　　　　图 3-5-8 选缺省值，单击 OK

载入 StandardFX.fx（标准感光材质），材质编辑器的下方会出现多项编辑列，在其中勾选 Top Diffuse Color Enable（表面贴图）、Specular Enable（产生高光）、Noemal Enable（法线贴图）（见图 3-5-9），之后单击以上贴图项的 None 长按钮，将存储的表面贴图和高光贴图、法线贴图分别载入（见图 3-5-10），单击赋予场景材质按钮将材质赋予模型。

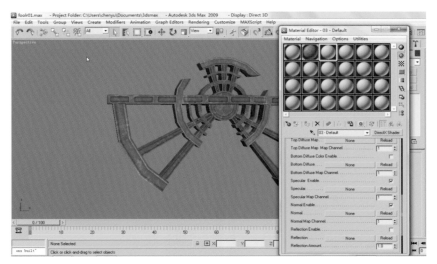

图 3-5-9 勾选选项

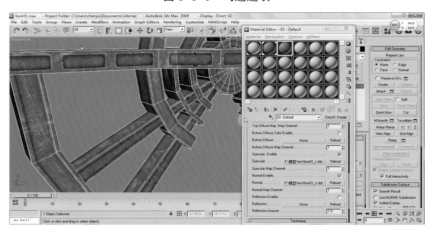

图 3-5-10 载入

　　将 Specular Power（高光等级）调为 40（见图 3-5-11），单击 Specular 后面的色块，将其改为一个蓝色块，使贴图感蓝光（见图 3-5-12）。对比高模和低模的效果，可以看到低模利用贴图的效果制作出了和高模一样的细节效果。

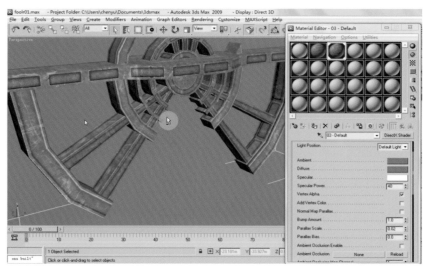

图 3-5-11 调 Specular Power

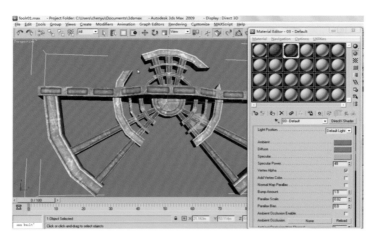

图 3-5-12　使贴图感蓝光

（4）把贴图进行压缩，打开前面制作好的三张贴图，选择色彩贴图，选择图像菜单，选择图像大小，弹出对话框（见图 3-5-13），将宽度值和高度值输入 1800（1800 和 2048 较为接近，且是 900 的 2 倍），单击确定（见图 3-5-14）。

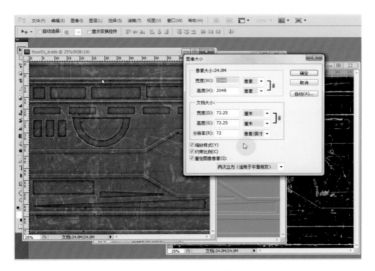

图 3-5-13　对话框

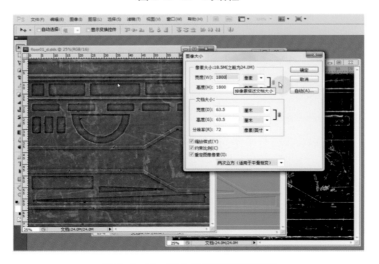

图 3-5-14　输入宽度值和高度值

　　重新调出图像大小对话框，在下方选择邻近（保留硬边缘），在宽度与高度输入 1024（见图 3-5-15），这样可以最大化地保证细节，将另外两张贴图也进行同样的压缩，并将其保存。回到 3ds Max 中可见尽管贴图被压缩了，但细节依然保留下来（见图 3-5-16）。

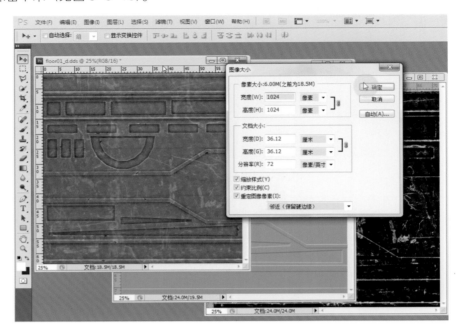

图 3-5-15　输入宽度与高度

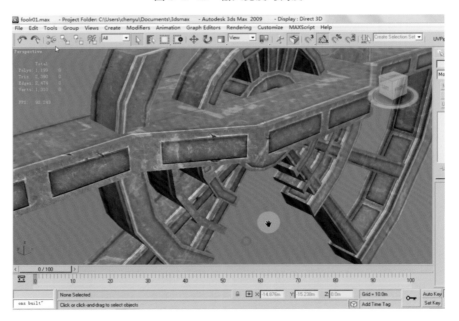

图 3-5-16　细节保留下来

第四章
进阶篇

3dsMax
YOUXI
CHANGJING
ZHIZUO

在本章中，通过一个完整的建筑模型示例来学习 Ambient Occlusion（环境阴影）贴图（简称 AO 贴图）的制作。AO 贴图的工作原理就是渲染出边缘阴影来提高物体转角处的清晰度。

第一节
建筑模型制作 ◀◀◀

（1）打开 3ds Max 软件，并打开一个事先制作好的建筑模型进行观察、分析，认识建筑的结构后开始制作（见图 4-1-1）。按 T 键将视图切换为顶视图，按 Ctrl 键的同时单击右键，选择 Box，这时系统会自动切换到建立面板（见图 4-1-2）。

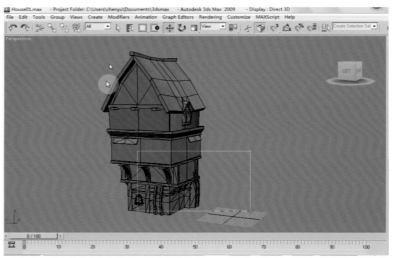

图 4-1-1　开始制作

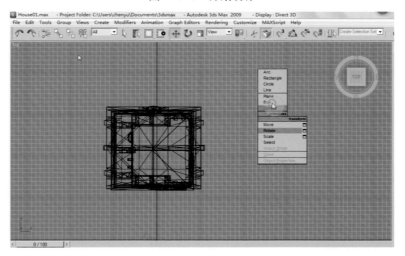

图 4-1-2　建立面板

　　在顶视图中拖曳出一个方形盒子，按 P 键将视图切换为透视图，单击右键选择 Convert to Editable Poly 将其转换为可编辑的多边形（见图 4-1-3），按 5 键切换到元素编辑级别，按 Shift 键使用移动工具向上拖曳出一个新的模型（见图 4-1-4）。

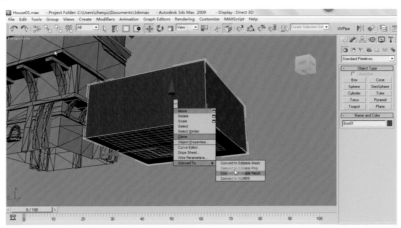

图 4-1-3　转换为可编辑的多边形

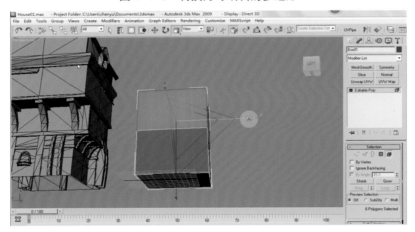

图 4-1-4　新的模型

　　按 R 键切换为缩放工具对新复制出的模型进行缩放操作（见图 4-1-5），根据示例建筑再次复制出其他的楼层，并按照示例建筑将其外观大体拖曳出来（见图 4-1-6）。

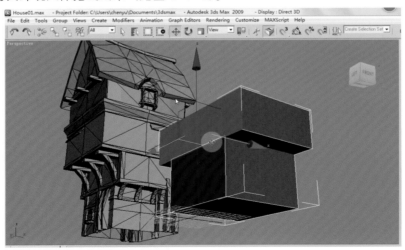

图 4-1-5　缩放操作

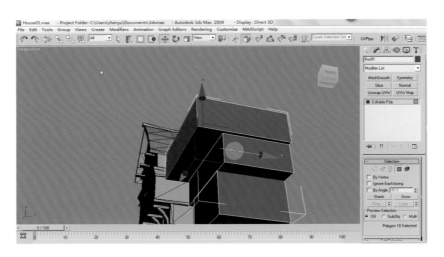

图 4-1-6　将其外观大体拖曳出来

（2）复制出第四层，将其用缩放工具向下压缩为一定比例高度的形状，按 2 键，切换为线级别编辑模式，单击一条竖边，再按"Alt+R"组合键执行 Ring（环形选择），将其他的边线都选中（见图 4-1-7），按键盘上的"Ctrl+Shift+E"组合键加一条边线（见图 4-1-8）。

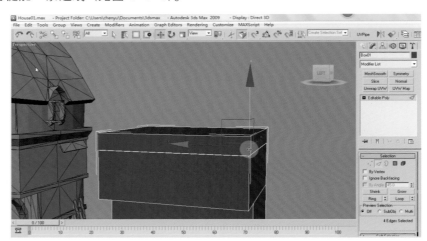

图 4-1-7　将其他的边线都选中

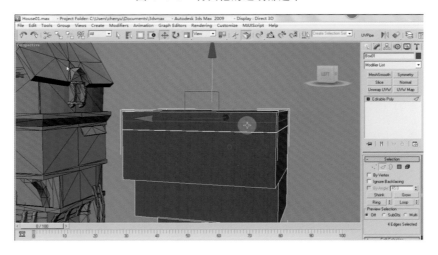

图 4-1-8　加一条边线

　　单击右键，在弹出的选择命令面板中选 Convert to Face（转换为面）（见图 4-1-9），用缩放工具向外推，以达到造型目的。再按 5 键切换到元素级别，选择下面的盒子，使用移动工具向上拖拉到位，并单击右键，选择 Extrude 将其挤出一定高度（见图 4-1-10）。

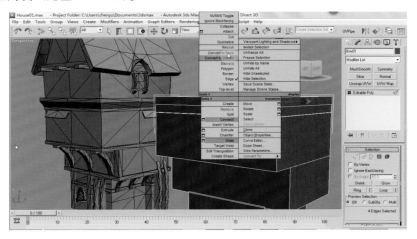

图 4-1-9　选 Convert to Face

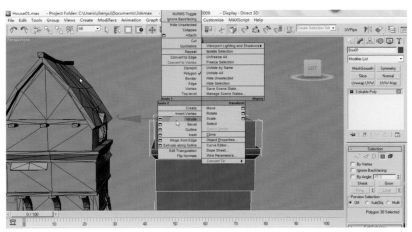

图 4-1-10　挤出一定高度

　　按 2 键切换到线级别，选择上面的两条边线，单击修改面板中的 Collapse（塌陷）按钮，将另一边的两条线合并（见图 4-1-11），继续加线以适配建筑造型（见图 4-1-12）。

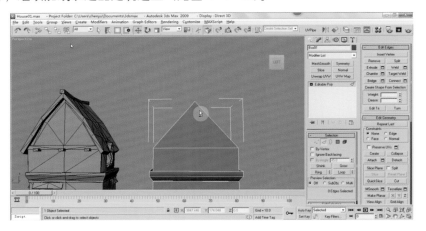

图 4-1-11　将两条线合并

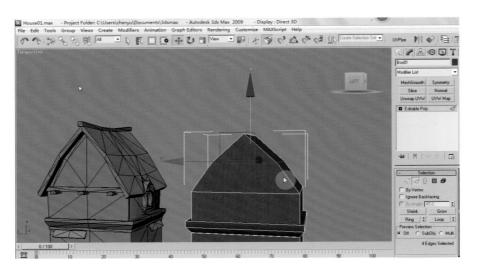

图 4-1-12　适配建筑造型

（3）选择边线（见图 4-1-13），单击右键选择 Create Shape（生成图形）（见图 4-1-14）。

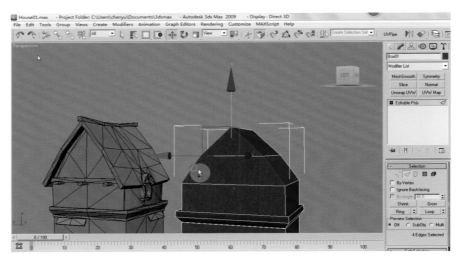

图 4-1-13　选择边线

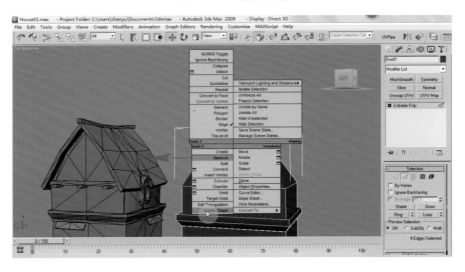

图 4-1-14　选择 Create Shape

在弹出的对话框中勾选 Line（见图 4-1-15），生成一条单独的线。选择新生成的线段，在修改面板中打开 Rendering 卷展栏，勾选 Enable In Renderer（使其可渲染）和 Enable In Viewport（使其在视图中可见）（见图 4-1-16）。

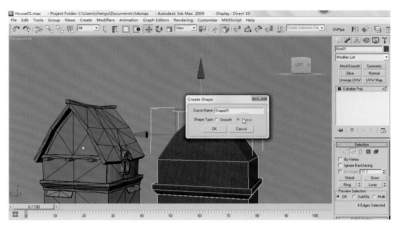

图 4-1-15　勾选 Line

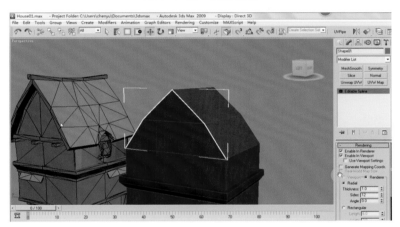

图 4-1-16　勾选 Enable In Renderer 和 Enable In Viewport

勾选面板下面的 Rectangular（矩形），并将其转换为可编辑多边形，切换到面级别，并拖拉到一定长度适配造型（见图 4-1-17）。调整其他部位并增加线段来使建筑造型更完善。同样，建筑顶部的脊梁造型也用生成 Create Shape 的命令，并使用 Enable In Renderer 等命令，将其制作出来（见图 4-1-18）。

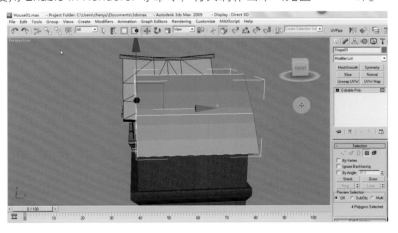

图 4-1-17　适配造型

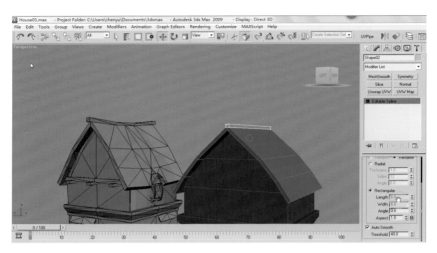

图 4-1-18　将其制作出来

通过加线拉伸对其进行造型，基本比例造型就制作出来了（见图 4-1-19）。

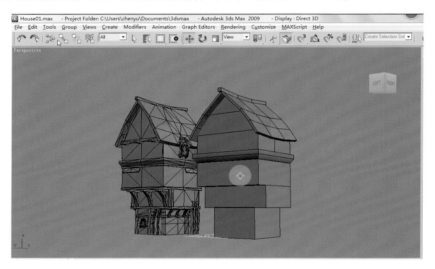

图 4-1-19　基本比例造型就制作出来了

（4）对建立的模型进行删面处理，底面的面和被遮挡面不在视野之内，所以将其删除以节省面数（见图 4-1-20），并将相邻点进行焊接处理，以避免出现漏空现象，具体操作请观看随书光盘。

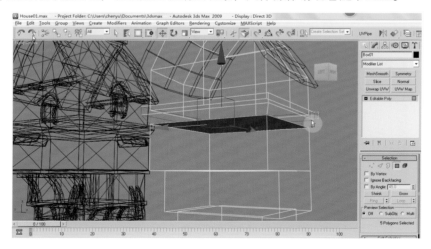

图 4-1-20　节省面数

按 5 键，切换到元素级别，选择楼体部分，并在修改面板下方找到 Polygon：Smoothing Groups（多边形：光滑组）卷展栏，并单击 Clear All（全部清除），将模型光滑去除，再单击 Auto Smooth（自动光滑）按钮（见图 4-1-21）。这样的处理使转折面有一定的硬度，方便后面 UV 的展开（见图 4-1-22）。

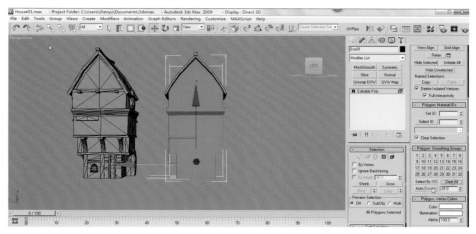

图 4-1-21　单击 Auto Smooth 按钮

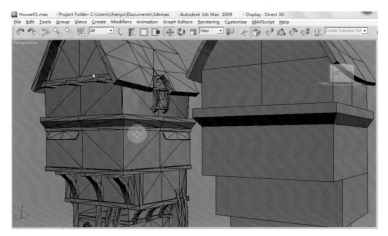

图 4-1-22　使转折面有一定的硬度

（5）优化模型的面数，将不必要的线删除或合并，再进行建筑细节的添加。选择如图 4-1-23 所示的横线，制作房梁。单击右键选择 Create Shape（生成图形），在弹出的对话框中勾选 Linear（线）（见图 4-1-24）。

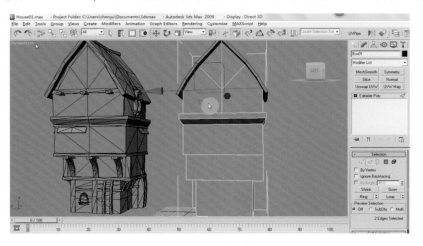

图 4-1-23　选择横线

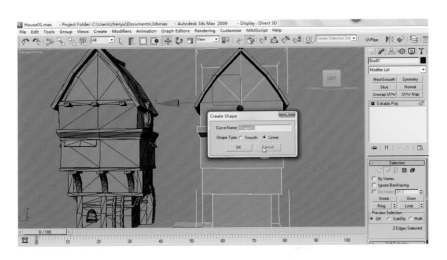

图 4-1-24　勾选 Linear

　　这时看到新生成的线已经生成了面，这是因为先前已经勾选了 Enable In Renderer（使其可渲染），按 1 键切换到点级别进行调节，以适配屋顶造型，按 5 键，再按 Shift 键使用移动工具复制，向后拖拉制作出另一面的横梁（见图 4-1-25）。继续复制横梁，并用旋转工具旋转方向，制作出其他横梁（见图 4-1-26）。

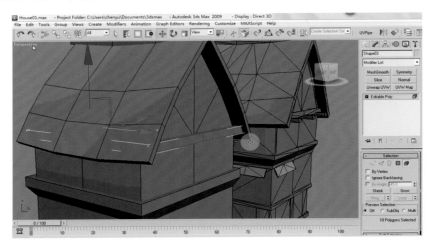

图 4-1-25　横梁

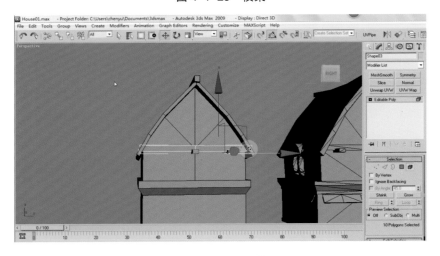

图 4-1-26　其他横梁

同样，选择房屋尖拱造型，将其一边的线提取出来（见图 4-1-27），并调整其位置和大小，将其放置在屋檐下方（见图 4-1-28）。

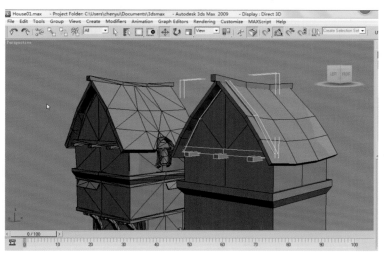

图 4-1-27 将其一边的线提取出来

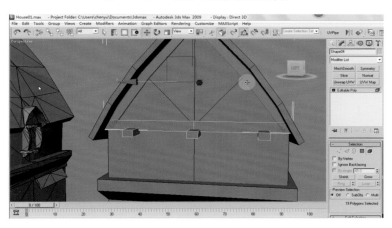

图 4-1-28 调整其位置和大小，将其放置在屋檐下方

再按 Shift 键复制出另一个，将其移至房屋的另一面（见图 4-1-29）。按 F4 键使模型呈线框显示，选择刚制作的屋檐物体，选择其中一条线，单击右键选择 Convert to Face（转换为面）（见图 4-1-30）。

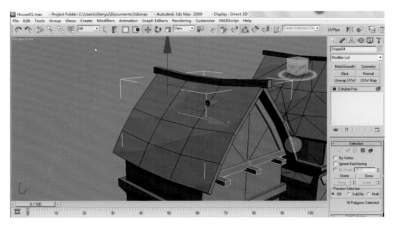

图 4-1-29 移至房屋的另一面

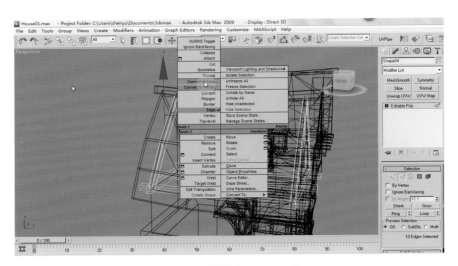

图 4-1-30　选择 Convert to Face

将面删除，继续选择其他被遮挡面并删除（见图 4-1-31）。

（6）制作造型细节，选择下面屋托的一条线（见图 4-1-32）。

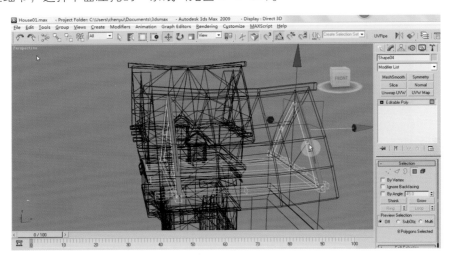

图 4-1-31　删除

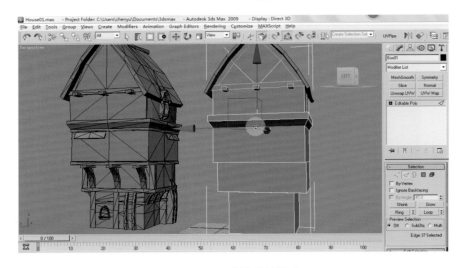

图 4-1-32　制作造型细节

　　单击右键选择 Create Shape（生成图形）（见图 4-1-33），制作出一条裙带造型（见图 4-1-34），执行 Convert to Editable Poly，将其转换为可编辑多边形，并缩放其大小以适配房屋造型。

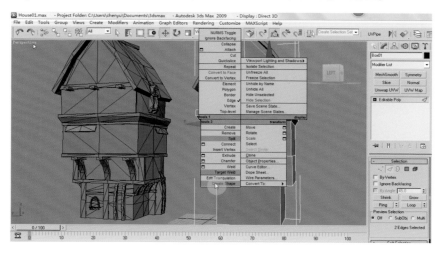

图 4-1-33　选择 Create Shape

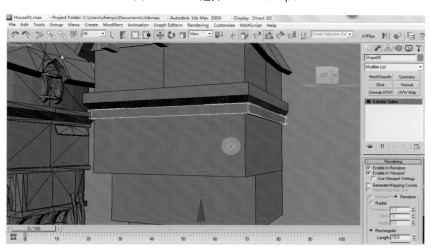

图 4-1-34　裙带造型

　　复制一个放置在下方（见图 4-1-35），并用缩放工具稍稍放大一点（见图 4-1-36）。

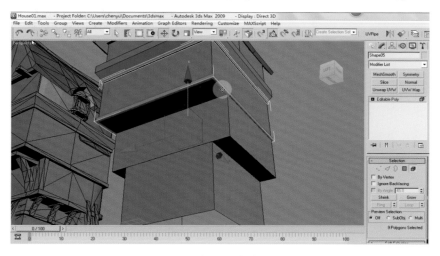

图 4-1-35　复制一个放置在下方

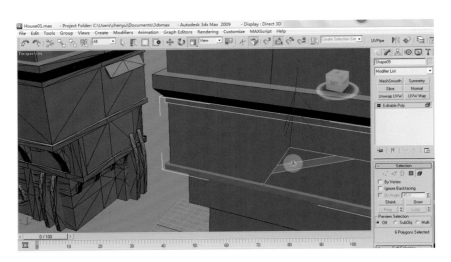

图 4-1-36　稍稍放大一点

（7）选择下方的底面，使用缩放工具，按 Shift 键向外放大（见图 4-1-37），按 3 键切换到边界层级，并点选外面的边线，按 Shift 键向上拖曳，复制出厚度（见图 4-1-38）。

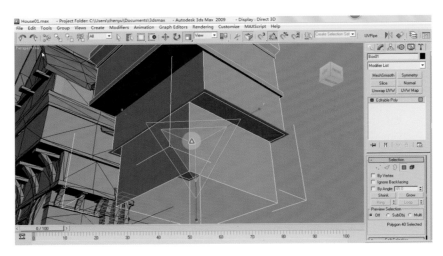

图 4-1-37　放大

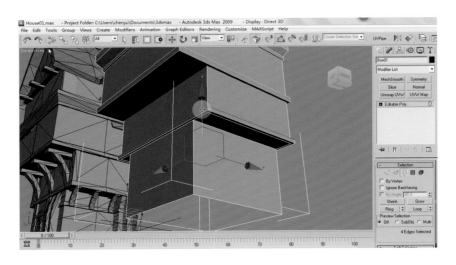

图 4-1-38　复制出厚度

单击右键，选择 Cap（加盖）为复制出的线，加盖一个面使其成为封闭的实体（见图 4-1-39）。单击下面的方盒状，按 2 键进入线级别，按 F3 键使视图中的模型呈线框显示，按 Ctrl 键分别选择横向线段，按"Ctrl+Shift+E"组合键为其加线（见图 4-1-40），选择并挤出。

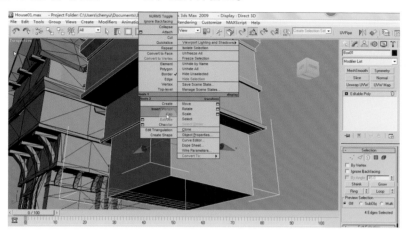

图 4-1-39　封闭的实体

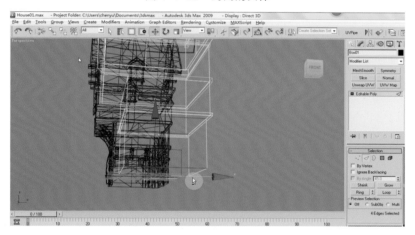

图 4-1-40　加线

选择竖向线，按"Ctrl+Shift+E"组合键为其加线（见图 4-1-41），并调整到合适位置。选择突起的上面线段，按"Ctrl+Shift+E"组合键为其加线（见图 4-1-42）。

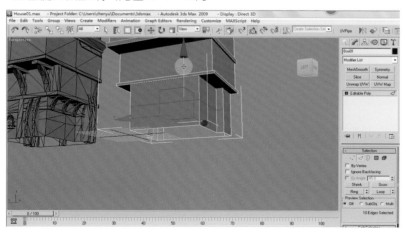

图 4-1-41　选择竖向线并加线

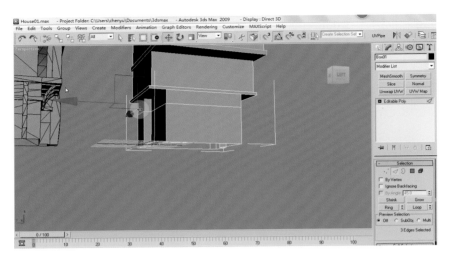

图 4-1-42　选择突起的上面线段，并加线

按 F3 键呈线框显示，按 1 键切换到点层级，选择节点，按修改面板中的 Connect 将点连接（见图 4-1-43）。再次按 F3 键显示实体，选择上面的线段，并用缩放工具将其向外放大（见图 4-1-44）。

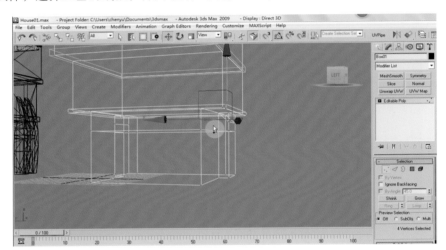

图 4-1-43　将点连接

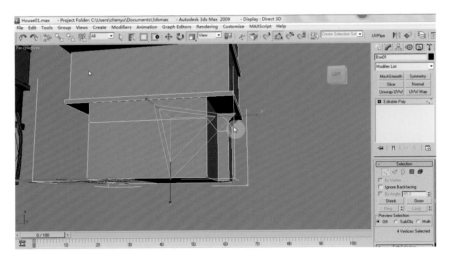

图 4-1-44　向外放大

　　选择中间线，单击右键选择 Create Shape（建立二维图形），使其成为面并转换为可编辑多边形（见图4-1-45）。

　　按5键切换到元素级别，选择上面的梁并按 Shift 键向下复制，并用缩放工具和移动工具缩放并放置在合适的位置（见图4-1-46），按 Shift 键复制出另外两根。其他部位的造型根据其基础形状的契合，重复使用 Create Shape（建立二维图形）来完成造型。在这里就不再赘述，具体操作请参考随书光盘。

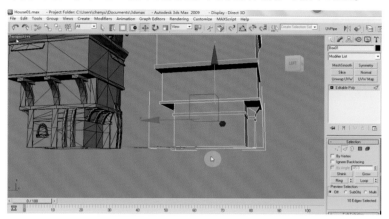

图4-1-45　转换为可编辑多边形

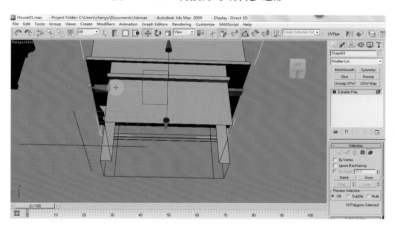

图4-1-46　合适的位置

　　（8）制作窗户搭棚，按住 Ctrl 键，单击右键，选择 Box（在 left 视图中），拖曳出一个方形（见图4-1-47），并将其转换为可编辑多边形，并用缩放工具和旋转工具进行调整（见图4-1-48）。

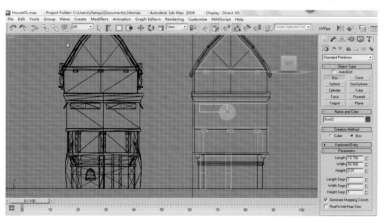

图4-1-47　拖曳出一个方形

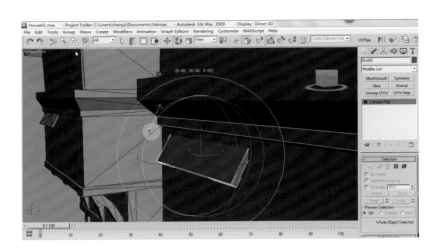

图 4-1-48　调整

　　分别复制并旋转放置在有窗户的位置（见图 4-1-49）。制作支撑梁，按住 Ctrl 键，单击右键选择 Box 在 Front（前视图）中，建立一个方形，并转换为可编辑多边形，按 2 键切换到线层级，选择竖向的线段，按鼠标右键选择 Connect（连接）（见图 4-1-50）。

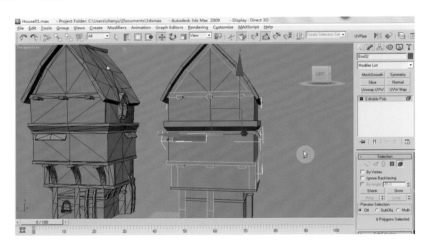

图 4-1-49　有窗户的位置

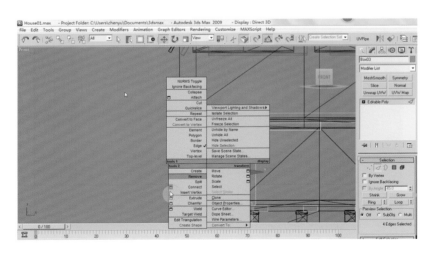

图 4-1-50　选择 Connect

在方形加两条线，按 1 键切换到点层级，按 W 键使用移动工具将选择的点向后移动，并调整位置（见图 4-1-51）。复制出其他支撑梁并放置在合适位置（见图 4-1-52）。

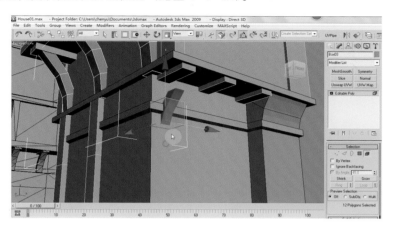

图 4-1-51　调整位置

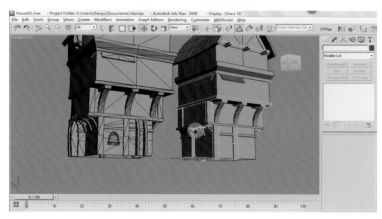

图 4-1-52　放在合适位置

（9）制作弧状造型，按 Ctrl 键，单击右键选择 Box，在顶视图中拖曳方形并转换为可编辑多边形，按 P 键切换到透视图中，对其进行编辑。使用移动工具对其进行大小的拉伸，以适配造型位置，按 2 键切换到线层级，选择竖向线段按 "Ctrl+Shift+E" 组合键为其加三段线，按 1 键切换到点级别，选择点进行拉伸制作出弧状造型（见图 4-1-53），按 F3 键使模型呈线框显示，按 2 键切换至线层级，选择弧形中间的水平线段（见图 4-1-54），将其删除。

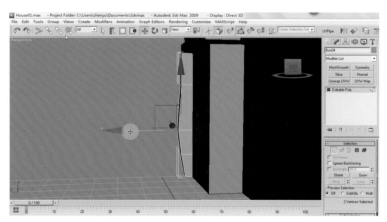

图 4-1-53　弧状造型

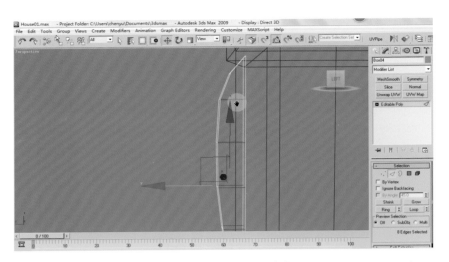

图 4-1-54　选择水平线段

在按 1 键切换到点层级，选择相对点，并单击修改面板中的 Connect（连接）将其进行连接（见图 4-1-55），使其成三角面形式，以节省面数（见图 4-1-56）。

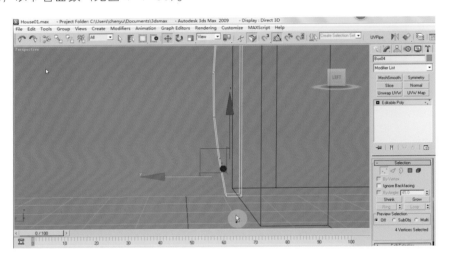

图 4-1-55　连接

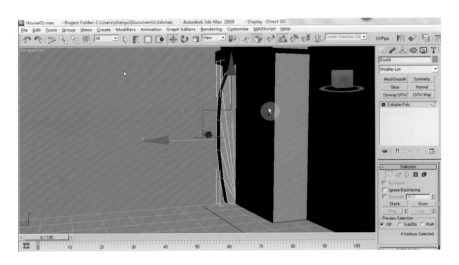

图 4-1-56　使其成三角面形式，以节省面数

按 5 键切换到元素层级并复制（见图 4-1-57），拖曳至合适位置并调整其大小。

（10）制作屋顶部窗户，按 2 键切换到线层级，选择屋顶底部中间部分线段（见图 4-1-58）。

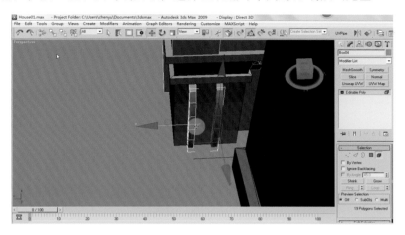

图 4-1-57　复制

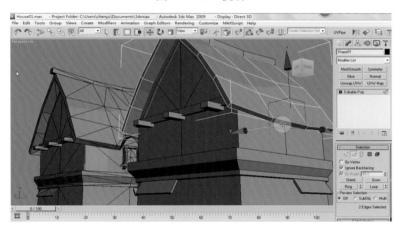

图 4-1-58　选择中间部分线段

单击右键，选择 Connect，在弹出的对话框中输入 Segments（段数）为 2，Pinch（缩放）值为 70（见图 4-1-59），为底部加两根线段。在选择底部的线段和上面的线段，单击右键执行 Connect 连接命令，为其加一根线段（见图 4-1-60）。

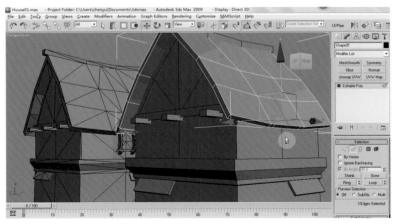

图 4-1-59　值为 70

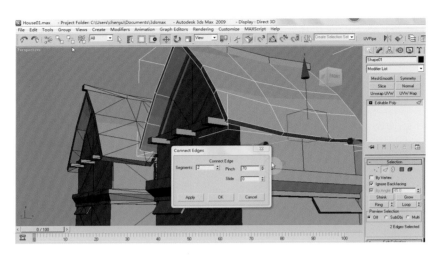

图 4-1-60　加一根线段

选择修改面板中的 Cut（切割）按钮，在其上进行切割（见图 4-1-61），选择竖向线为其加一条线段，按 1 键切换至点层级，选择两边的点进行连接（见图 4-1-62）。

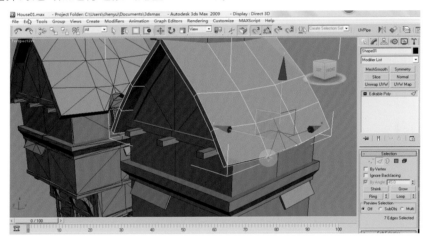

图 4-1-61　切割

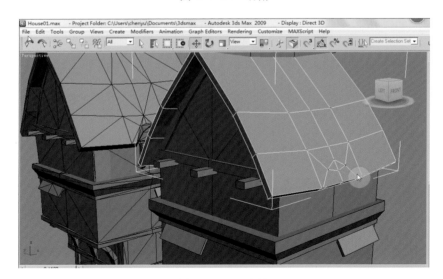

图 4-1-62　连接

按 4 键选择如图 4-1-63 所示的面并删除，选择上面的四条线段，按 Shift 键向外复制出来（见图 4-1-64）。

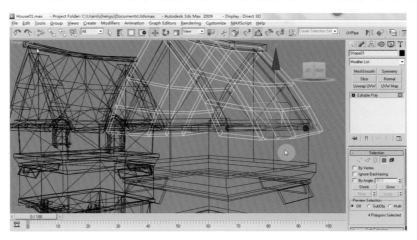

图 4-1-63　选择面并删除

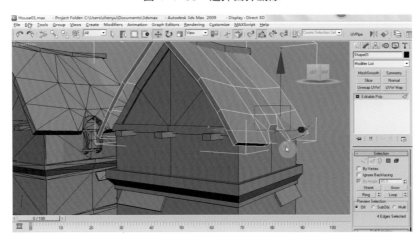

图 4-1-64　复制

　　按 1 键切换到点层级，将下面的点通过 Target Welt（目标焊接）在一起（见图 4-1-65）。选择屋顶造型，按 "Alt+Q" 组合键独立显示，按 4 键切换到面层级选择里面的面，按 Shift 键向下复制，按修改面板中的 Flip（翻转），使可视面翻转至里面，按 1 键切换至点层级（见图 4-1-66）。

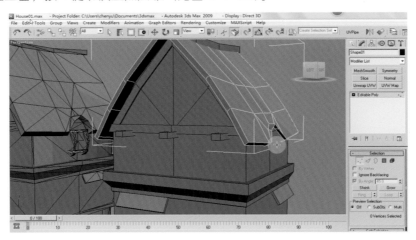

图 4-1-65　将下面的目标焊接在一起

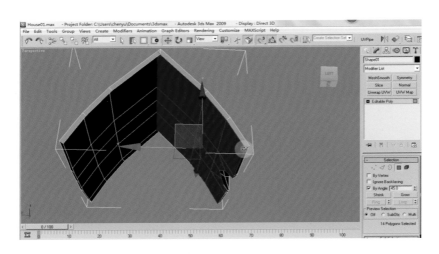

图 4-1-66　切换至点层级

　　将点进行对接并焊接。这样原来单片的造型就有了厚度，按 3 键切换至边界层级，按右键选择 Cap 命令为其加封面，并将相对应的点进行连接（见图 4-1-67）。将另一半删除，使用旋转工具，按住 Shift 键复制出另一半（见图 4-1-68）。

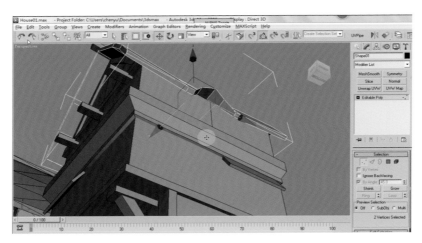

图 4-1-67　连接

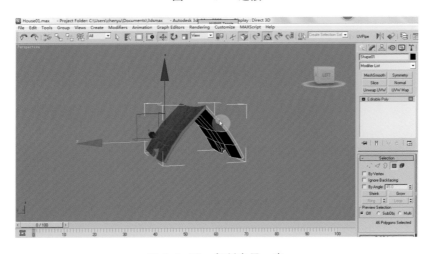

图 4-1-68　复制出另一半

并将屋脊出的点进行焊接（见图 4-1-69），使其成为一个整体。

（11）窗户的制作。在视图中建立一个盒子，并将其转换为可编辑多边形（见图 4-1-70）。

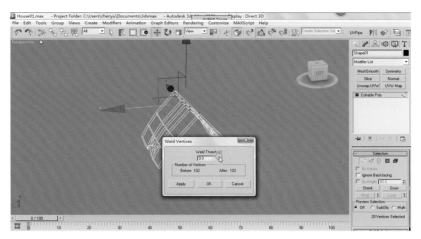

图 4-1-69　焊接

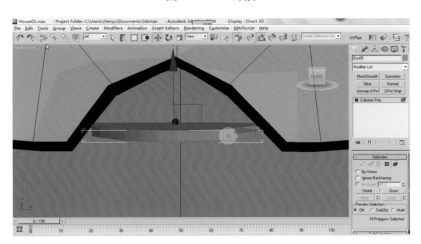

图 4-1-70　转换为可编辑多边形

进行点、线、面的切换来进行造型（见图 4-1-71），这样模型就制作完成了。

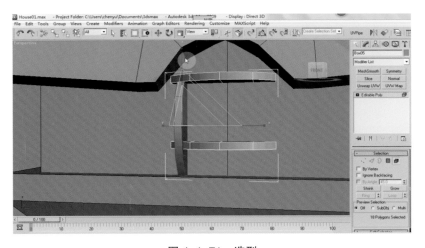

图 4-1-71　造型

第二节

拆分建筑 UV ◀◀◀

（1）单击房屋顶部模型部分，单击修改面板中的 Unwrap UVW 按钮，再单击面板下方的 Edit 按钮，弹出 UV 编辑对话框（见图 4-2-1 和图 4-2-2）。

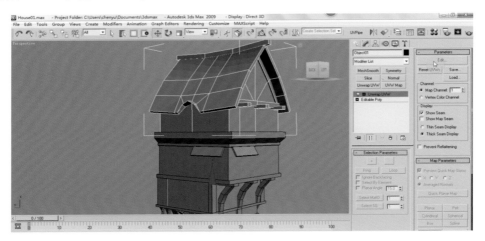

图 4-2-1 单击 Edit 按钮

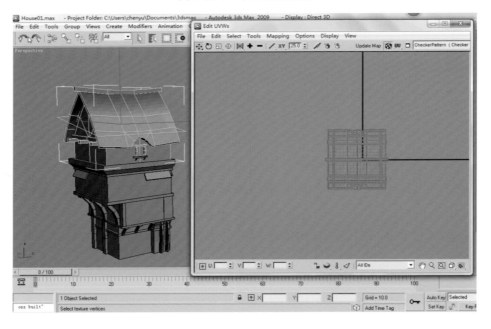

图 4-2-2 UV 编辑对话框

在 UV 编辑对话框中全选 UV，将其拖至蓝色方框外，按 4 键切换到面层级，在视图中单击房屋一侧，单击修改面板下方的 Quick Planar Map（快速展平贴图），在 UV 面板中会自动移至蓝色方框中（见图 4-2-3），选择另一侧选择面，同样单击 Quick Planar Map（快速展平贴图），用相同的操作，将其他部分展平，分别放到一边（见图 4-2-4）。

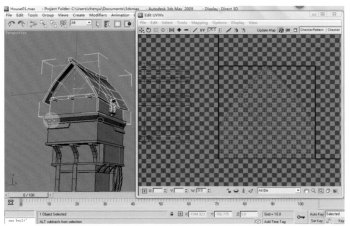

图 4-2-3　移至蓝色方框中

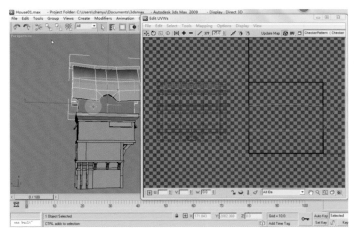

图 4-2-4　将其他部分展平，分别放到一边

（2）展分屋顶的 UV，在面级别下选择屋顶（见图 4-2-5），按 Quick Planar Map（快速展平贴图)将其展平，再分别选择上面的面点选 UV 编辑面板中的 Tools（工具）选择 Relax（放松）（见图 4-2-6）。

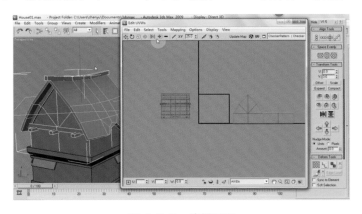

图 4-2-5　选择屋顶

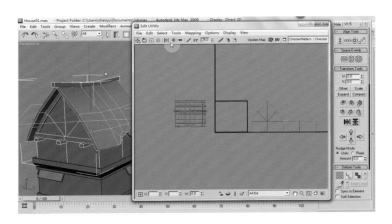

图 4-2-6　选择 Relax

　　在弹出的对话框中将 Iterations（松弛程度）改为 1001，这里的值越大，UV 的变形程度越小。将 Amount（数值）改为 1，将放松类型改为 Relax By Face Angles（按面放松）（见图 4-2-7），按 Start Relax 进行展开。单击 UV 右上角的白色方框选择 Checker Pattern（Checker）（棋盘格模式）（见图 4-2-8）。

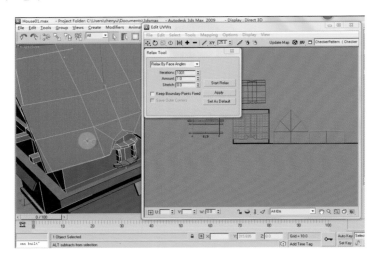

图 4-2-7　改变类型

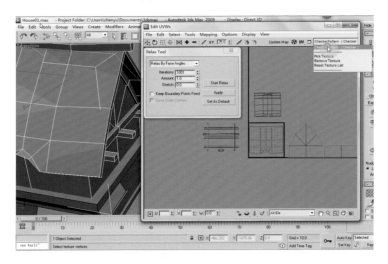

图 4-2-8　选择 Checker Pattern（Checker）

在视图中检查棋盘格的分布情况，检查棋盘格有没有拉伸变形的情况或过大过小的影响效果，选择另一面的面并进行 Start Relax 展开（见图 4-2-9），外面的面已经分好了 UV。选择里面的面，按 Alt 键减选，将一半先去掉（由于两边是对称的，所以做一面后面进行重叠）（见图 4-2-10）。

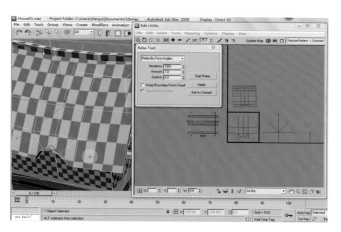

图 4-2-9　进行 Start Relax 展开

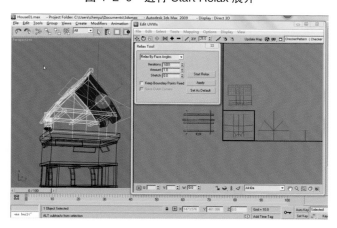

图 4-2-10　将一半先去掉

并将侧边的面去掉其选择状态（见图 4-2-11），单击 Quick Planar Map（快速展平贴图）将其展开。同样将另一边的面选择进行展平。接着，选择侧边执行相同的操作将其展开（见图 4-2-12）。注意：当将 UV 展开后，视情况将弧度较小的 UV 线拉平，为后面摆放节省资源和方便绘制贴图。

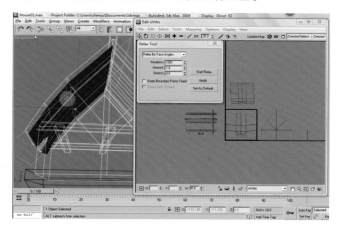

图 4-2-11　去掉其选择状态

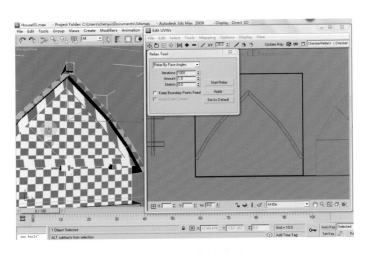

图 4-2-12　将其展开

（3）选择横梁模型，由于横梁是一个具有六个面的方盒，分别将其相对应的三个面选择执行 Quick Planar Map（快速展平贴图）展开（见图 4-2-13），其他部分待到后面再重叠在一起。展开屋檐 UV，同样将其执行 Quick Planar Map（快速展平贴图）展开（见图 4-2-14），并将其对折重叠在一起，并将对应的点重合在一起。房屋的腰线也以同样的方法将其展开。

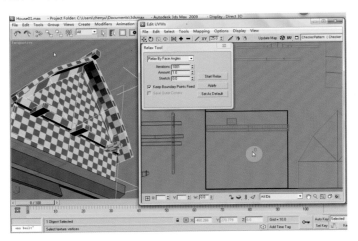

图 4-2-13　执行 Quick Planar Map 展开

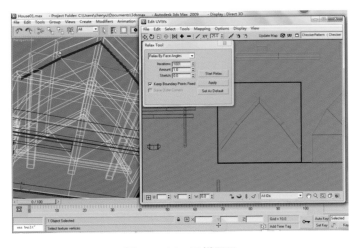

图 4-2-14　同样展开

　　选择腰线并执行 Quick Planar Map（快速展平贴图）（见图 4-2-15），再分别点选其可视面，再执行 Quick Planar Map（快速展平贴图）命令，使其分开并将不同部分排列在一起（见图 4-2-16）。

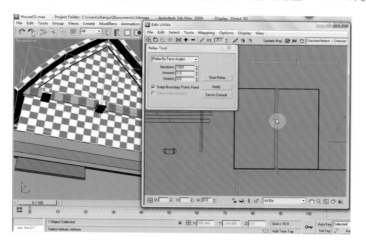

图 4-2-15　执行 Quick Planar Map

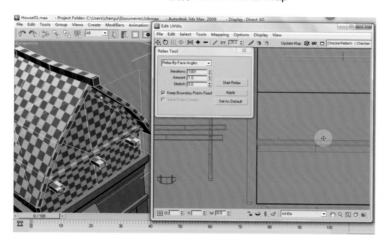

图 4-2-16　排列在一起

　　最顶部的屋脊的 UV 展开（见图 4-2-17），由于和下面的横梁结构相同，都是方盒造型，故操作方法相同。这里不再赘述，具体可参考随书光盘。

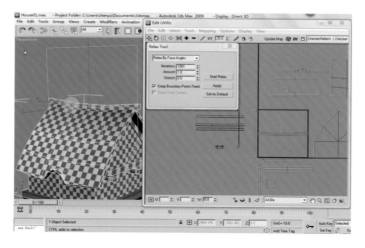

图 4-2-17　UV 展开

（4）单击 5 键，切换到元素层级，将分好 UV 的横梁模型选择并复制，将没有展开 UV 的模型删除，用分好 UV 的模型代替（见图 4-2-18）。

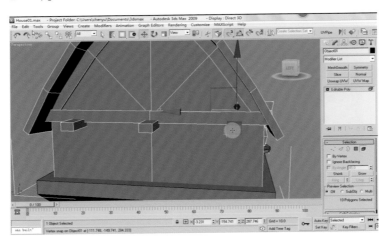

图 4-2-18　模型代替

同样将窗户、屋檐、腰线相同部分进行重复操作，用分好 UV 的模型代替（见图 4-2-19），这样就减少了工作量。选择模型单击右键，执行 Convert to Editable Poly（见图 4-2-20），将其转换为可编辑多边形。

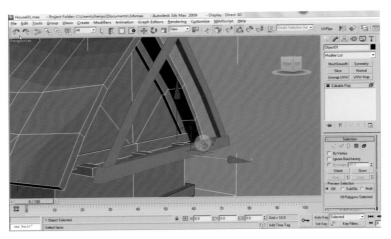

图 4-2-19　分好 UV 的模型代替

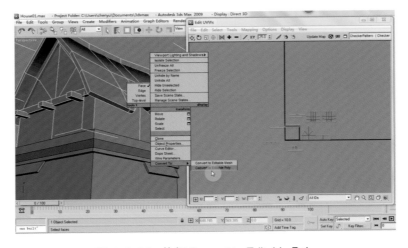

图 4-2-20　执行 Convert to Editable Poly

（5）建筑下方的 UV 展开，按 5 键切换到元素层级，首先把相同造型选择（见图 4-2-21），按修改面板中的 Detach（分离），将大多数相同造型分离出去，只留下将要进行 UV 展开的模型（见图 4-2-22）。

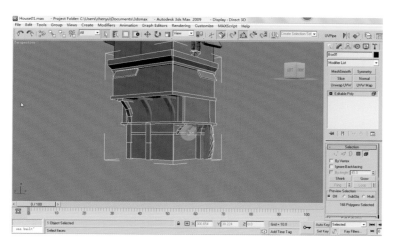

图 4-2-21　造型选择

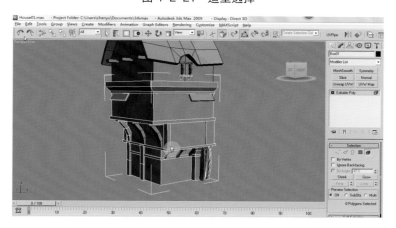

图 4-2-22　进行 UV 展开的模型

UV 分好之后将其复制到相同模型替代，以减少工作量。选择建筑下方的支撑立柱，单击修改面板上的 Quick Planar Map（快速展平贴图），并选择 Edit UVWs 中 Tools 菜单下的 Relax 按图中参数设置进行放松展开（见图 4-2-23）。在视图中选择交接线（见图 4-2-24）。

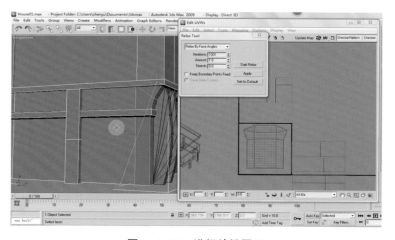

图 4-2-23　进行放松展开

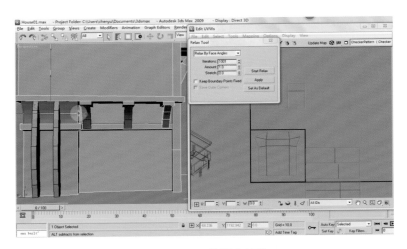

图 4-2-24　选择交接线

　　按 "Ctrl+B" 组合键将其断开，再按下 Relax Tool 对话框中的 Start Relax 进行放松（见图 4-2-25），并将其放置在蓝色的有效方框旁边。下面的操作基本都是将模型 Quick Planar Map（快速展平贴图），这里就不再赘述，请看随书光盘。

　　(6) 所有的 UV 展开操作完成后，呈现如图 4-2-26 中所示的效果。

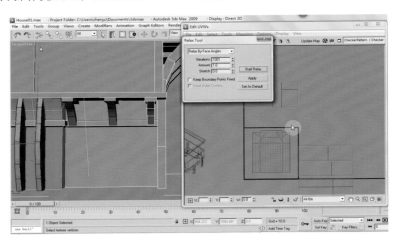

图 4-2-25　进行放松

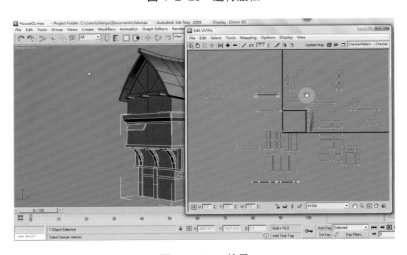

图 4-2-26　效果

　　下面分散在蓝色有效区域外的 UV 全部摆放到蓝色方框内。在摆放 UV 时要将共用的地方重叠在一起，将同一个模型的不同部位的 UV 拼合在一起，以避免绘制贴图时产生色差，如图 4-2-27 中所示要将这部分的 UV 拼合起来。拼合好后，将所有 UV 排列到蓝色方框内（见图 4-2-28）。

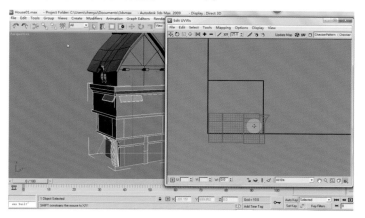

图 4-2-27　UV 拼合起来

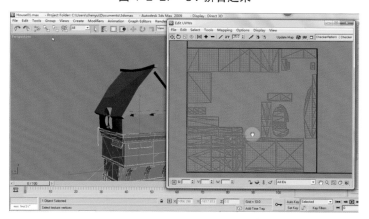

图 4-2-28　将所有 UV 排列到蓝色方框内

　　注意：排列 UV 的原则是要基本保持 UV 的原来大小比例，放大或缩小都会改变其绘制贴图的质量和精度，一张贴图不能出现有的地方清晰度高，有的清晰度低的情况。不同位置的 UV 间距要保持在 1~2 个像素，这样色彩就不会影响其他部位。分配好之后单击 Tools 菜单选择 Render UVW Template（渲染 UVW 贴图）（见图 4-2-29），在弹出的对话框中将 Width（宽）和 Height（高）输入 1024，其他设置保持缺省值，单击 Render UV Template（见图 4-2-30），将弹出的贴图保存为 png 格式。

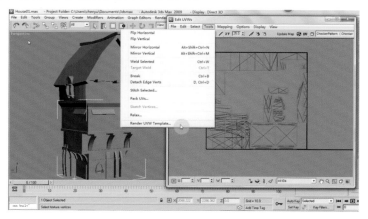

图 4-2-29　选择 Render UVW Template

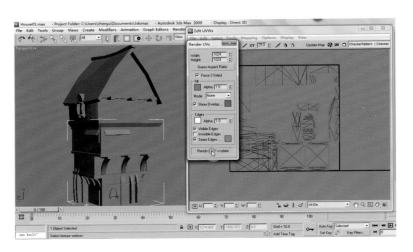

图 4-2-30　单击 Render UV Template

（7）在视图中选择模型，在修改面板中选择 Turn to Poly（转换多边形），在参数面板中勾选 Limit Polygon Size（多边形数量），将 Max Size 改为 3（见图 4-2-31），这样模型就转换为三边面。

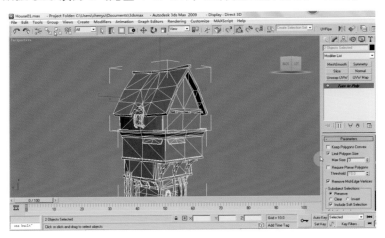

图 4-2-31　将 Max Size 改为 3

第三节

AO 贴图的制作 ◀◀◀

（1）将事先绘制好的贴图贴到模型上来（见图 4-3-1），贴图包括表面贴图和法线贴图，在本节中重点介绍 AO 贴图的制作方法。AO 贴图是 Ambient Occlusion（环境吸收）贴图的缩写，在实际应用中主要是通过制作 AO 贴图所产生的阴影来改善场景模型本身结构转折的空间感。

（2）在修改面板中选择灯光面板，在 Standard（标准）灯光下选择 Skylight（天空光），在视图中单击，产生一盏可产生天空光的灯（见图 4-3-2）。

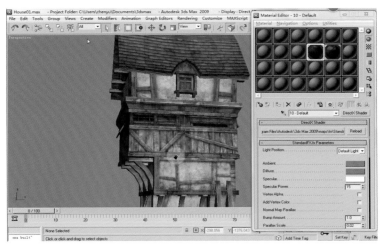

图 4-3-1　将贴图贴到模型上来

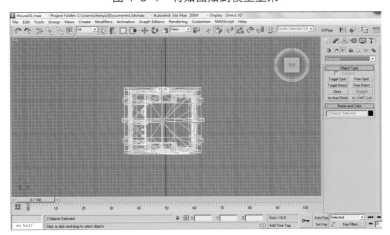

图 4-3-2　产生天空光的灯

将灯拖曳到建筑物的上方，按 F10 键调出渲染设置面板，点选 Advanced Lighting（高级采光），再单击 no lighting plug-in 右侧的三角选择 Light Tracer（光线追踪）选项（见图 4-3-3）。框选视图中的模型，按 0 键调出 Render To Texture（渲染材质）面板（见图 4-3-4）。

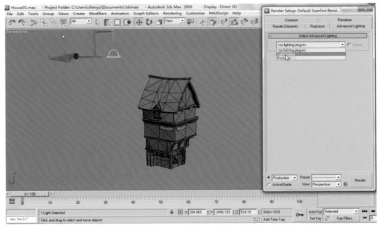

图 4-3-3　选择 Light Tracer 选项

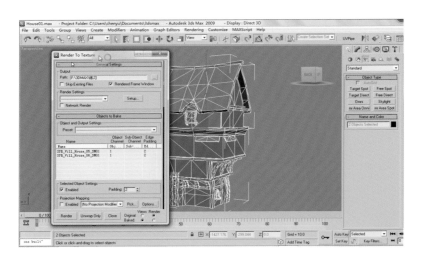

图 4-3-4　调出 Render To Texture 面板

所画模型分为上下两个部分。先选择下面那一部分，将 Render To Texture（渲染材质）面板中的 Padding（像素级别）调整为 4，单击下方的 Add（添加），在弹出的面板中选择 Complete Map（完整贴图）（见图 4-3-5），再单击 Add，再次选择 Lighting Map（光影贴图）（见图 4-3-6），默认贴图尺寸大小为 256×256。

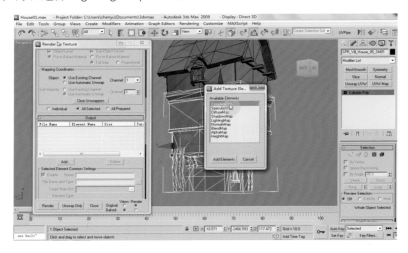

图 4-3-5　选择 Complete Map

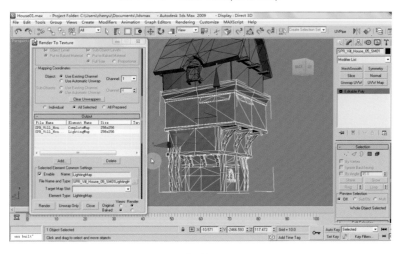

图 4-3-6　再次选择 Lighting Map

点选 Complete Map，向上拖动面板，在下方单击 1024×1024 修改尺寸。再单击 File Name and Type（文件名称与类型）右侧的灰色方块将其保存为 tga 格式文件。再点选 LightingMap，单击 1024x1024，同样保存为 tga 格式的文件（见图 4-3-7）。单击面板下方的 Render 开始渲染，在弹出的对话框单击 Continue（继续）（见图 4-3-8）。

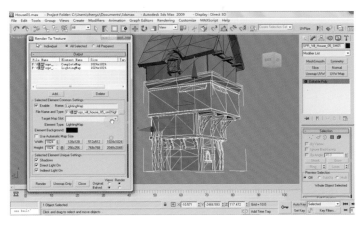

图 4-3-7　保存为 tga 格式的文件

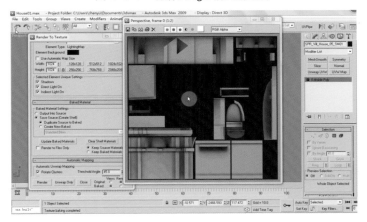

图 4-3-8　单击 Continue

（3）打开 Photoshop 软件，将刚渲染的两张贴图拖入 Photoshop 中，并打开色彩贴图（见图 4-3-9）。首先看两张不同的灰色贴图，一张亮度较高的灰色贴图表示受光面，另一张亮度较低的贴图为 AO 贴图，主要表示阴影的分布状况（见图 4-3-10）。

图 4-3-9　打开色彩贴图

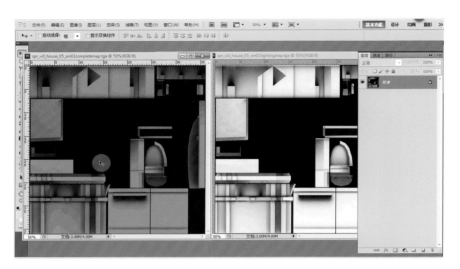

图 4-3-10　阴影的分布状况

选择 AO 贴图，单击通道面板，按 Ctrl 键的同时单击 Alpha1 通道。这时系统将贴图中的灰亮部分予以选取（见图 4-3-11），按键盘上的 "Ctrl+C" 组合键复制，点选另一张色彩贴图，按 "Ctrl+V" 组合键将其粘贴到图层中（见图 4-3-12），由于现在使用的色彩贴图是一张没有重叠 UV 的贴图，而渲染的 AO 贴图和灯光贴图是共用 UV 的贴图，所以有些不同，可观看相同部分的合成效果，主要目的是学习这种方法。

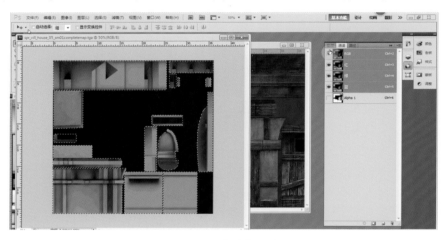

图 4-3-11　灰亮部分选取

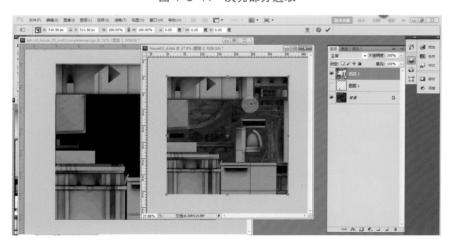

图 4-3-12　粘贴到图层中

（4）将覆盖在色彩贴图上的 AO 贴图的图层模式修改为叠加（见图 4-3-13）。这时可以看到 AO 贴图中较暗部分加强了色彩贴图中的阴影，如图 4-3-14 中的虚线处。

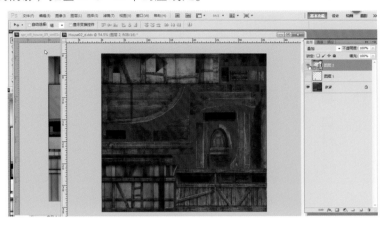

图 4-3-13　修改为叠加

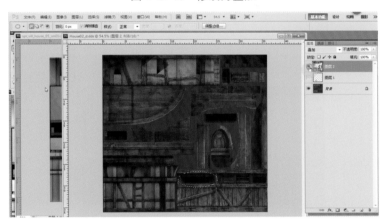

图 4-3-14　色彩贴图中的阴影

选择较亮的灰色贴图，单击通道面板，按 Ctrl 键的同时单击 Alpha1 通道。这时系统将贴图中的灰亮部分予以选取（见图 4-3-15）。按"Ctrl+C"组合键复制，单击图层面板按"Ctrl+V"组合键将其粘贴到图层中，并将这一层拖曳至色彩贴图中，将图层模式修改为叠加，这时色彩贴图被提亮了（见图 4-3-16）。利用这样的方法来完善贴图，使贴图效果更为逼真、自然。

图 4-3-15　贴图中灰亮部分的选取

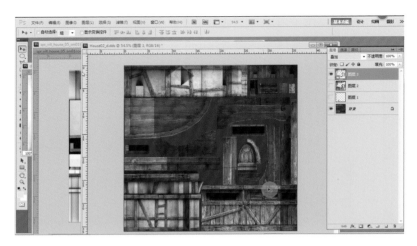

图 4-3-16　色彩贴图被提亮了

（5）利用这种原理来手工绘制贴图，可以更能灵活地操纵贴图。关闭图层面板中灰色贴图的"眼睛"图标，使贴图不可见。单击选择最下层的色彩贴图，再单击新建图层按钮新建一个图层（见图 4-3-17），单击前景色在弹出的对话框中的"#"字符号，输入灰色代码 808080，使所选取图标锁定在灰色区域（见图 4-3-18）。

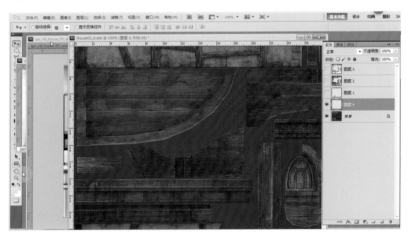

图 4-3-17　新建一个图层

图 4-3-18　锁定在灰色区域

按"Alt+Delete"组合键将新建图层予以填充（见图 4-3-19），并将其图层模式修改为叠加模式，灰色变为透明。

选取套索工具框，选出制作区，单击前景色，调出颜色选择对话框，将色彩选择图标先下拉，选择颜色较深的灰色予以确定，按"Alt+Delete"组合键填充选择区域（见图 4-3-20 和图 4-3-21）。这样转折处的阴影就可以手工进行操作了。

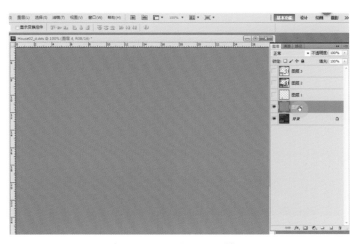

图 4-3-19　新建图层填充

图 4-3-20　选择较为深的灰色确定

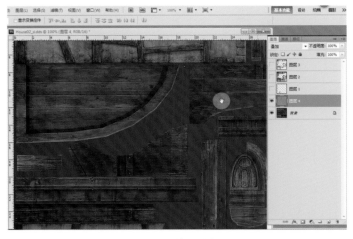

图 4-3-21　填充选择区域

（6）同理，在另一个区域框选出操作区以制作背光效果（见图 4-3-22）。

单击前景色，调出色彩选择对话框，选取较深的灰色，按"Alt+Delete"组合键填充（见图 4-3-23）。这时下面的部分就比先前的颜色暗，反映出背光的效果，再加上图层是叠加模式的灰色半透明，所以木纹的纹理还能显示出来。用同样的方法调亮受光部的效果，选取受光区域（见图 4-3-24）。

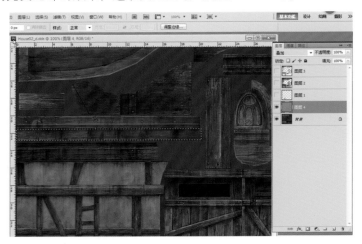

图 4-3-22　制作背光效果

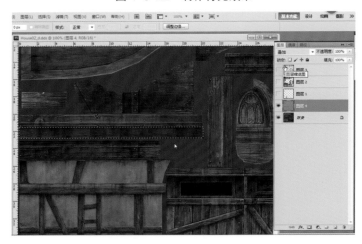

图 4-3-23　填充

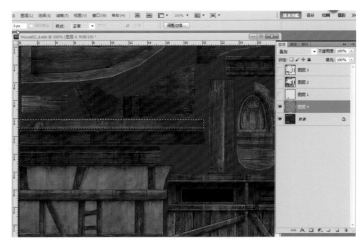

图 4-3-24　选取受光区域

　　单击前景色，调出色彩，选择对话框，选取较亮的灰色，按"Alt+Delete"组合键填充。这时受光部位被提亮（见图 4-3-25）。关闭色彩图层可以看到使用了两个不同的灰色来对其进行的色彩加深和提亮操作，模拟出了背光和受光效果（见图 4-3-26）。这种方法的操作是进行局部操作，因而不会影响到整体的效果。

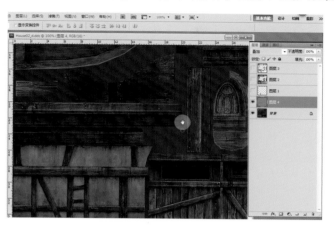

图 4-3-25　受光部位被提亮

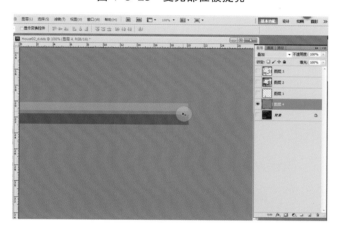

图 4-3-26　模拟出了背光和受光效果

　　（7）污渍的合成，可以提高真实程度。将事先准备好的污渍图片打开，执行选择菜单点选色彩范围，在弹出的对话框中将鼠标移至污渍图片在白色区域并单击，选择白色区域，按"Ctrl+Shift+I"组合键反向选择，使污渍部分呈选择状态并拖曳至色彩贴图之上，摆放到合适的位置（见图 4-3-27），按"Ctrl+T"组合键进行大小调整，并将污渍图层的图层模式修改为柔光（见图 4-3-28）。

图 4-3-27　摆放到合适的位置

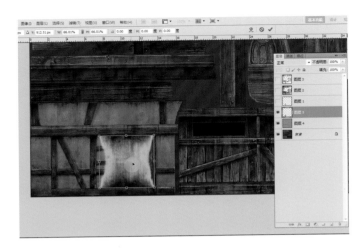

图 4-3-28　修改为柔光

　　在污渍图层处于选择状态时，单击图层面板下方的蒙版按钮。为该图层添加一个图层蒙版，并用黑色填充（见图 4-3-29）。注意：图层蒙版中使用黑色表示透明，可以将图片信息完全过滤掉，使用白色表示不透明，可以使图片信息保留或恢复原来的状态。将多余的部分去掉，使图层蒙版处于选择，用套索工具将多余位置选取出来并用黑色填充（见图 4-3-30）。调整一下透明度使污渍和底层以便更好地融合。

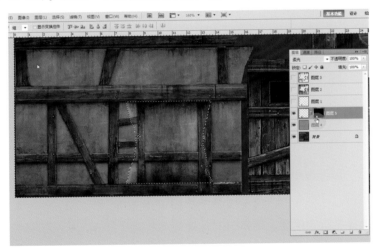

图 4-3-29　用黑色填充

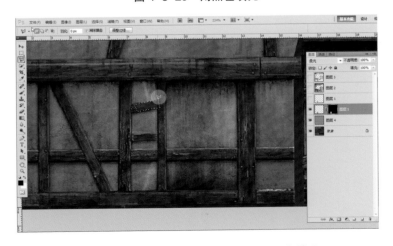

图 4-3-30　将多余位置选取出来并用黑色填充

（8）利用灰度图来模拟背光和受光效果，也可以用这种方法来绘制破损效果（见图4-3-31），利用深灰和亮灰交替来使破损形象产生出来（见图4-3-32）。

图 4-3-31　绘制破损效果

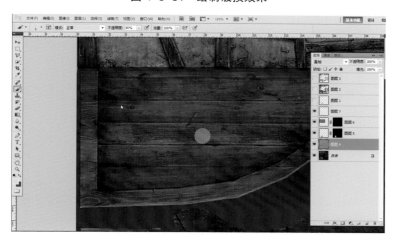

图 4-3-32　使破损形象产生

第四节

透明贴图的制作方法 《《《

（1）透明贴图在游戏模型制作中是经常用到的一种方法，可以利用透明部分使模型制作简单快捷、更能突出异型模型制作的方便和贴图过滤的快捷。

（2）打开 Photoshop 软件，打开一张范例图片（见图4-4-1）。将背景层向下拖曳复制一层，点选菜单选择色彩范围子菜单，弹出色彩范围对话框将鼠标移至图片白色部分并单击左键确定选择范围（见图4-4-2）。

图 4-4-1　范例图片

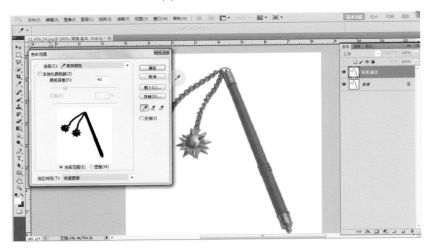

图 4-4-2　确定选择范围

　　图片中白色背景被选择，金属高光的白色也同时被选择上了，按 Alt 键进行减选，把高光部分减去（见图 4-4-3）。单击通道面板，单击下方的新建图标，新建一个 Alpha 通道并将前景色改为白色填充（见图 4-4-4）。注意：在通道中白色为完全不透明区域，黑色为完全透明区域，灰色为半透明区域。

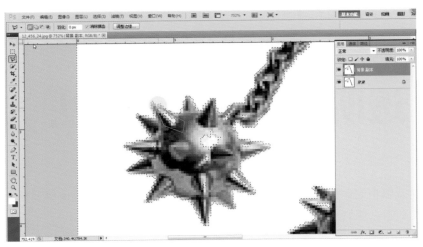

图 4-4-3　把高光部分减去

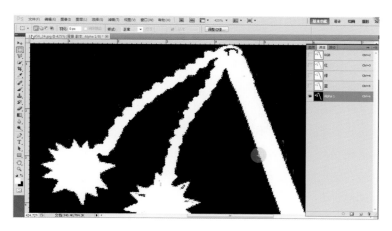

图 4-4-4　白色填充

　　将噪点用白色填充，确保其为不透明以避免错误。切换到图层面板按"Ctrl+J"组合键将选区复制出一个单独图层（见图 4-4-5），将其存储为 dds 格式的文件，在弹出的对话框中选择 DXT5 ARGB 8 bpp interpolated alpha。这是一个带通道信息的文件格式（见图 4-4-6）。注意：使用这个格式文件一定得修改为 256×256，512×512 这样的像素。

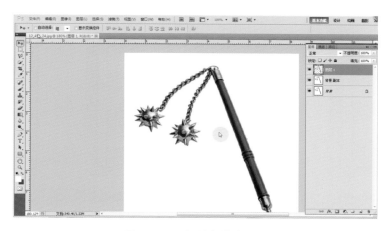

图 4-4-5　复制出单独图层

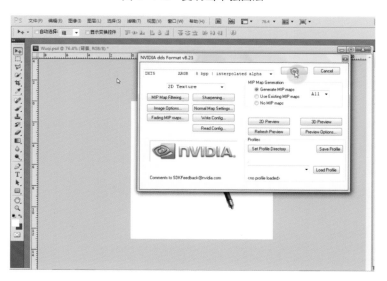

图 4-4-6　文件格式

　　打开 3ds Max 软件，并打开材质编辑器选择一个示例球，将刚存储的贴图载入 Diffuse Color 中（见图 4-4-7）。

　　用左键单击 Diffuse Color 后带有贴图名称的长条拖曳到下方的 Opacity（不透明通道）中，在弹出的对话框中选择 Copy（复制），单击 OK。这样，一张贴图就用在两个通道中了（见图 4-4-8）。

　　向下滑动卷展栏或单击 Diffuse Color 后面的长条，进入贴图属性面板，确保 None（Opaque 不透明的）处于勾选状态（见图 4-4-9）。再进入 Opacity（不透明通道）中的贴图属性面板中，勾选 Alpha Source（通道源）下面的 Image Alpha（带 Alpha 图像）；勾选 Mono Channel Output（通道输出）下面的 Alpha；勾选 RGB Channel Output 下面的 Alpha as Gray（灰色通道方式）。按赋予场景材质按钮，将带有 Alpha 通道信息的贴图贴至视图中的面片模型上（见图 4-4-10）。

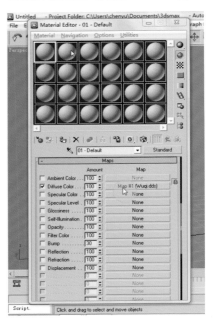　　　　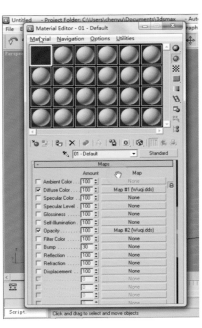　　　　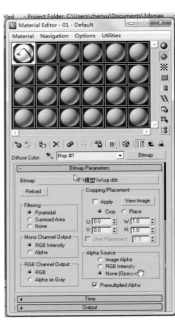

　图 4-4-7　载入 Diffuse Color 中　　　　图 4-4-8　一张贴图用在两个通道中　　　　图 4-4-9　勾选 None

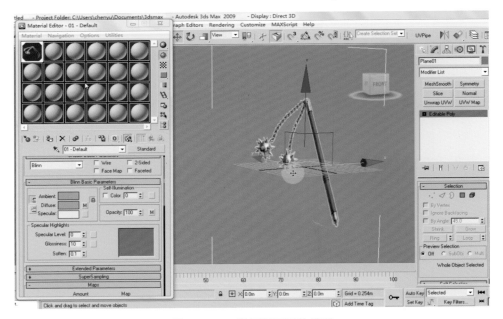

图 4-4-10　贴图贴至面片模型

可以看到，贴图将独立显示在视图中，图像以外部分被屏蔽掉。但贴图边缘还有白色没有处理干净，重新进入 Photoshop 软件中，选择图层 1 按 Ctrl 键的同时单击图层左方图层图标调出选区，单击选择菜单中的修改子菜单，选择收缩项收缩量为默认值 1，单击确定（见图 4-4-11）。按 "Ctrl+Shift+I" 组合键将选区反转（见图 4-4-12）。

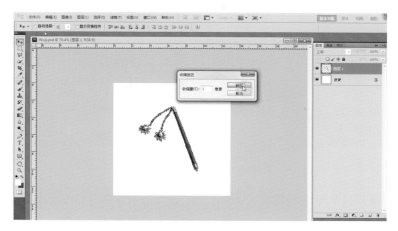

图 4-4-11　单击确定

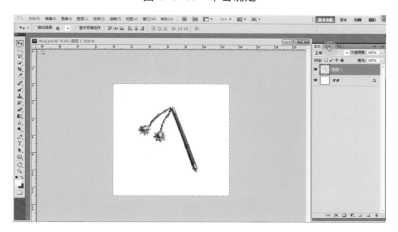

图 4-4-12　将选区反转

切换到通道面板，选择 Alpha 通道，确定前景色为黑色，按 "Ctrl+Enter" 组合键填充（见图 4-4-13），并存储。再次进入 3ds Max 中，看到白色边缘不见了（见图 4-4-14）。

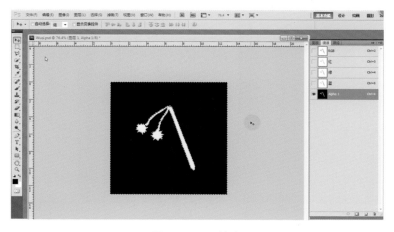

图 4-4-13　填充

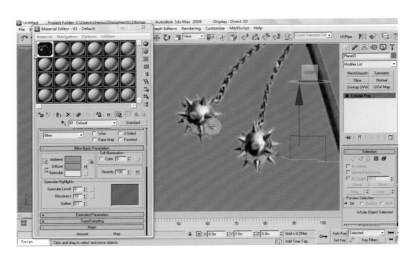

图 4-4-14　白色边缘不见了

　　（3）用一块布，利用透贴技术制作来更好地理解透贴的使用方法。在 Photoshop 中打开事先准备好的红布贴图（见图 4-4-15），单击图像下拉菜单选择红布大小，在弹出的对话框中将宽度、高度都修改为 256 像素（见图 4-4-16）。

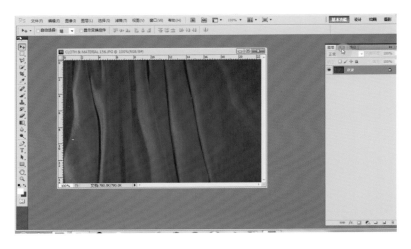

图 4-4-15　红布贴图

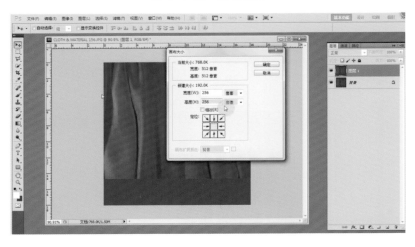

图 4-4-16　改为像素

　　切换到通道面板单击新建通道按钮，建立一个 Alpha 通道，并按"Alt+Enter"组合键，用背景色将通道填充为白色（见图 4-4-17），单击 RGB 通道使其处于显示状态，再单击 Alpha 通道使其处于选择状态（见图 4-4-18）。

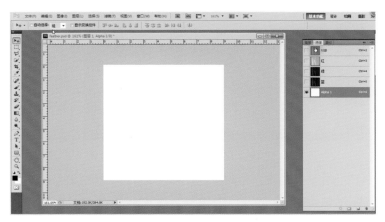

图 4-4-17　通道填充为白色

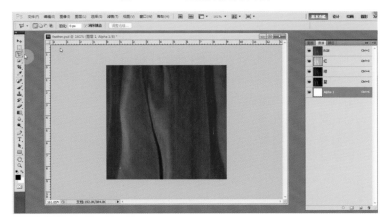

图 4-4-18　使通道处于选择状态

　　按 L 键选择自由套索工具，在贴图下方勾勒出不规则形，按"Alt+Ctrl+D"组合键调出羽化对话框，输入羽化值为 1 并确定（见图 4-4-19）。确保前景色为黑色，按"Alt+Enter"组合键填充，再次用套索工具在布的内部选择区域并羽化，用黑色填充，这样在这块红布的底部和中间部位做了通道内的操作（见图 4-4-20）。将这块红布存储为 dds 格式的文件。

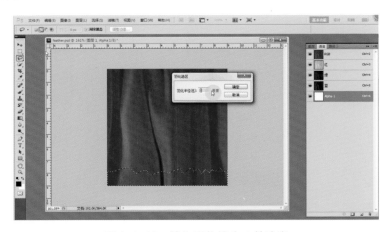

图 4-4-19　输入羽化值为 1 并确定

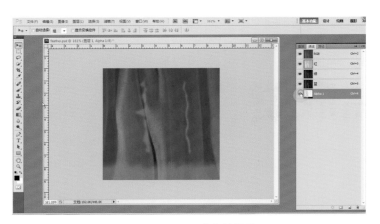

图 4-4-20　通道内的操作

（4）打开 3ds Max 文件，打开材质编辑器并选择一个示例球，将贴图载入 Diffuse 贴图通道，复制到 Opacity 贴图通道内，进入属性面板找到 Alpha Source（通道源）下面的 Image Alpha（带 Alpha 图像）；勾选 Mono Channel Output（通道输出）下面的 Alpha；勾选 RGB Channel Output 下面的 Alpha as Gray（灰色通道方式）。按"赋予场景材质"按钮，将带有 Alpha 通道信息的贴图贴至视图中的面片模型上（见图 4-4-21）。可以看到前面做过黑色填充的部位变为透明区域，透出灰色的背景。打开 Photoshop，单击 Alpha 通道，显示出黑白形象，由此说明了白色为完全不透明区域，黑色为完全透明的区域，灰色为半透明区域（见图 4-4-22）。在游戏场景的制作中，利用透贴技术来建模的使用频率是很高的，因为其方便快捷，可以节省很多的面数。

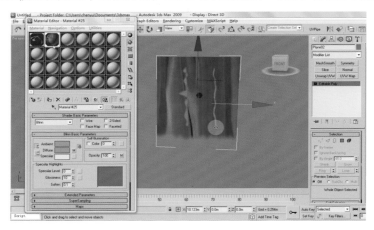

图 4-4-21　贴至视图中的面片模型上

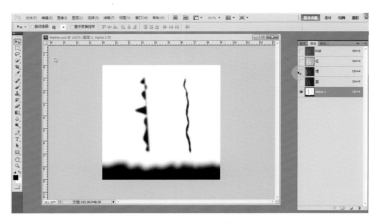

图 4-4-22　显示出黑白形象

第五章
作品欣赏

3dsMax
YOUXI
CHANGJING
ZHIZUO

游戏场景作品如图 5-0-1 至图 5-0-11 所示。

图 5-0-1　游戏场景作品一

图 5-0-2　游戏场景作品二

图 5-0-3　游戏场景作品三

图 5-0-4　游戏场景作品四

图 5-0-5　游戏场景作品五

图 5-0-6　游戏场景作品六

图 5-0-7　游戏场景作品七

图 5-0-8　游戏场景作品八

白羊

波塞冬

处女

地伏星

哈迪斯

地妖星

海怪

飞鱼

图 5-0-9　游戏场景作品九

海皇子　　　　　海蛇　　　　　海马　　　　　海龙

剑鱼　　　　　海妖　　　　　海豚　　　　　金牛

六圣兽　　　　　巨蟹　　　　　美人鱼　　　　　美杜莎

续图 5-0-9

丘比特　　　摩羯　　　潘多拉　　　魔鬼鱼　　　射手

双子　　　双鱼　　　死神－塔纳托斯　　　水瓶　　　狮子

图 5-0-10　游戏场景作品十

| 天哭星 | 天捷星 | 天秤 | 天贵星 | 太阳神阿波罗 |

| 天兽星 | 天牢星 | 天猛星 | 天问星 | 天魔星 |

| 天英星 | 天蝎 | 天雄星 | 宙斯 | 雅典娜 |

续图 5-0-10

图 5-0-11　游戏场景作品十一

文参
献考

3ds Max YOUXI CHANGJING ZHIZUO

CANKAO WENXIAN

［1］张凡，谌宝业.3ds Max 游戏场景设计［M］.北京：中国铁道出版社，2009.

［2］王秀峰，阎河.3ds Max 2009 次世代游戏场景建模宝典［M］.北京：电子工业出版社，
2009.

［3］陈妍.3ds Max 游戏动画场景制作教程［M］.北京：中国水利水电出版社，2010.